中国ESG研究院文库

钱龙海　柳学信 主编

企业气候风险管理

王大地　柳学信　编著

Corporate Climate
Risk Management

Environmental —— Social ———————————— Governance

机械工业出版社
CHINA MACHINE PRESS

鉴于全球气候变暖导致极端天气、海平面上升和海冰融化等现象的频发，气候变化已成为当前突出的全球性挑战，其对人类社会和经济体系产生的影响也日益加剧。作为全球经济活动的主要参与者，企业不仅是温室气体排放的主要来源之一，其发展也深受气候变化的影响。有效地应对和管理气候风险，将有利于企业实现绿色转型和可持续发展。

　　本书旨在为企业提供一套兼具系统性和科学性的气候风险管理框架，将理论知识和实际应用相结合，从政策法规、市场变化和企业管理策略等多个角度，深入探讨企业应如何识别、评估、减缓、适应气候风险。

图书在版编目（CIP）数据

企业气候风险管理 / 王大地，柳学信编著. -- 北京：机械工业出版社，2024. 11. --（中国ESG研究院文库 / 钱龙海，柳学信主编）. -- ISBN 978-7-111-77053-4

Ⅰ. X322.2

中国国家版本馆CIP数据核字第2024X2955V号

机械工业出版社（北京市百万庄大街22号　邮政编码100037）

策划编辑：朱鹤楼	责任编辑：朱鹤楼　解文涛
责任校对：梁　静　薄萌钰	责任印制：刘　媛

北京中科印刷有限公司印刷

2024年12月第1版第1次印刷

169mm×239mm · 12.75印张 · 1插页 · 188千字

标准书号：ISBN 978-7-111-77053-4

定价：69.00元

电话服务	网络服务
客服电话：010-88361066	机　工　官　网：www.cmpbook.com
010-88379833	机　工　官　博：weibo.com/cmp1952
010-68326294	金　书　网：www.golden-book.com
封底无防伪标均为盗版	机工教育服务网：www.cmpedu.com

中国 ESG 研究院文库
总　序

　　环境、社会和治理是当今世界推动企业实现可持续发展的重要抓手，国际上将其称为 ESG。ESG 是环境（Environmental）、社会（Social）和治理（Governance）三个英文单词的首字母缩写，是企业履行环境、社会和治理责任的核心框架及评估体系。为了推动落实可持续发展理念，联合国全球契约组织（UNGC）于 2004 年提出了 ESG 概念，得到了各国监管机构及产业界的广泛认同，引起了一系列国际多双边组织的高度重视。ESG 将可持续发展的丰富内涵予以归纳整合，充分发挥政府、企业、金融机构等主体作用，依托市场化驱动机制，在推动企业落实低碳转型、实现可持续发展等方面形成了一整套具有可操作性的系统方法论。

　　当前，在我国大力发展 ESG 具有重大战略意义。一方面，ESG 是我国经济社会发展全面绿色转型的重要抓手。中央财经委员会第九次会议指出，实现碳达峰、碳中和"是一场广泛而深刻的经济社会系统性变革""是党中央经过深思熟虑做出的重大战略决策，事关中华民族永续发展和构建人类命运共同体"。为了如期实现 2030 年前碳达峰、2060 年前碳中和的目标，党的十九届五中全会做出"促进经济社会发展全面绿色转型"的重大部署。从全球范围来看，ESG 可持续发展理念与绿色低碳发展目标高度契合。经过十几年的不断完善，ESG 已经构建了一整套完备的指标体系，通过联合国全球契约组织等平台推动企业主动承诺改善环境绩效，推动金融机构的 ESG 投资活动改变被投企业行为。目前联合国全球契约组织已经聚集了 1.2 万余家领军企业，遵循 ESG 理念的投资机构管理的资产规模超过 100 万亿美元，汇聚成为推动绿色低碳发展的强大力量。积极推广 ESG 理念，建立 ESG 披露标准、完善 ESG 信息披露、促进企业 ESG 实践，充分发挥 ESG 投资在推动碳达峰、碳中和过程中的激励和约束作用，是我国经济社会发展全面绿色转型的重要抓手。

另一方面，ESG 是我国参与全球经济治理的重要阵地。气候变化、极端天气是人类面临的共同挑战，贫富差距、种族歧视、公平正义、冲突对立是人类面临的重大课题。中国是一个发展中国家，发展不平衡不充分的问题还比较突出；中国也是一个世界大国，对国际社会负有大国责任。2021 年 7 月 1 日，习近平总书记在庆祝中国共产党成立 100 周年大会上的重要讲话中强调，中国始终是世界和平的建设者、全球发展的贡献者、国际秩序的维护者，展现了负责任大国致力于构建人类命运共同体的坚定决心。大力发展 ESG 有利于更好地参与全球经济治理。

大力发展 ESG 需要打造 ESG 生态系统，充分协调政府、企业、投资机构及研究机构等各方关系，在各方共同努力下向全社会推广 ESG 理念。目前，国内已有多家专业研究机构关注绿色金融、可持续发展等主题。首都经济贸易大学作为北京市属重点研究型大学，拥有工商管理、应用经济、管理科学与工程和统计学四个一级学科博士学位点及博士后工作站，依托国家级重点学科"劳动经济学"、北京市高精尖学科"工商管理"、省部共建协同创新中心（北京市与教育部共建）等研究平台，长期致力于人口、资源与环境、职业安全与健康、企业社会责任、公司治理等 ESG 相关领域的研究，积累了大量科研成果。基于这些研究优势，首都经济贸易大学与第一创业证券股份有限公司、盈富泰克创业投资有限公司等机构于 2020 年 7 月联合发起成立了首都经济贸易大学中国 ESG 研究院（China Environmental, Social and Governance Institute，以下简称研究院）。研究院的宗旨是以高质量的科学研究促进中国企业 ESG 发展，通过科学研究、人才培养、国家智库和企业咨询服务协同发展，成为引领中国 ESG 研究和 ESG 成果开发转化的高端智库。

研究院自成立以来，在标准研制、科学研究、人才培养和社会服务方面取得了重要的进展。标准研制方面，研究院根据中国情境研究设计了中国特色"1+N+X"的 ESG 标准体系，牵头制定了国内首个 ESG 披露方面的团体标准《企业 ESG 披露指南》，并在 2024 年 4 月获国家标准委秘书处批准成立环境社会治理（ESG）标准化项目研究组，任召集单位；科学研究方面，围绕 ESG 关键理论问题出版专著 6 部，发布系列报告 8 项，在国内外期刊发表高水平学术论文 50 余篇；人才培养方面，成立国内首个企业可持续发展系，率先招收 ESG 方向的本科生、学术硕士、博士及 MBA；社会服务方面，研究院积极为企业、政府部门、行业协会提供咨询服务，为国家市场监督总局、北京市发展和改革委员会等相关部门提供智力支持，并连续主办"中国 ESG 论坛""教育部国际产学研用国际会议"等会议，产生了较大的社会影响力。

　　近期，研究院将前期研究课题的最终成果进行了汇总整理，并以"中国 ESG 研究院文库"的形式出版。这套文库的出版，能够多角度、全方位地反映中国 ESG 实践与理论研究的最新进展和成果，既有利于全面推广 ESG 理念，又可以为政府部门制定 ESG 政策和企业发展 ESG 实践提供重要参考。

尚福林

前　言

气候变化是当前全球关注的核心问题，对人类社会和经济体系的影响愈发深远。企业作为经济活动的主要参与者，不仅是温室气体排放的重要来源之一，同时也面临着气候变化带来的诸多风险和挑战。因此，如何有效管理气候风险，已经成为企业可持续发展和竞争力提升的关键。

本书旨在为企业提供一套系统、科学、全面的气候风险管理框架，帮助企业在应对气候变化挑战的同时，抓住绿色转型带来的机遇。本书从政策法规、管理策略、市场变化、目标设定等多个角度，深入探讨了企业如何识别、评估、应对和减缓气候风险，提供了丰富的理论知识和实际案例。全书共分为以下9章：

第1章介绍气候变化的基本概念和科学背景，呈现主要的国际协定和政策法规，并分析气候变化对企业的影响。

第2章概述气候风险的主要类型和管理策略，包括物理风险、转型风险，以及风险识别、评估、减缓和转移等。

第3章探讨企业气候变化目标设定，包括温室气体的类型和科学基准目标设定。

第4章探讨企业如何系统地核算温室气体排放，包括 GHG Protocol 等核算标准和排放因子法、生命周期评估法等核算方法。

第5章分析企业气候变化信息披露与评价，包括各类披露标准和评价方法。

第 6 章呈现企业气候变化情景分析，包括该方法的定义和应用。

第 7 章描述应对气候风险的金融工具，包括气候保险、债券、贷款、基金和衍生品、碳信用等，并从市场和原理等角度阐述这些工具的应用。

第 8 章探讨企业应对气候风险的其他方法，包括技术管理与创新、员工技能培训、产品设计与营销、供应链管理和人工智能。

第 9 章展望全球气候政策和市场环境的未来趋势，探讨企业在持续提升气候风险管理能力方面的路径，并总结全书的核心观点和启示。

本书在中国 ESG 研究院的指导和支持下完成，其他协助协作的人员包括刘镕瑄、吴跃、闫晨丽、王传丽、胡曼、王晓勇、吴鑫玉。在此一并感谢。

希望本书能为企业管理者、环境专家、政策制定者和学术研究者提供有价值的参考和启示，助力企业应对气候变化挑战和探索可持续发展之路。

目　录

企业气候风险管理

第 5 章　企业气候变化信息披露与评价

第 6 章　企业气候变化情景分析

第 7 章　应对气候风险的金融工具

企业气候风险管理

第 8 章 应对气候风险的其他方法

第 9 章 总结和展望

第 1 章　气候风险的科学与政策背景

　　全球气温攀升将导致极端天气频发、海平面不断上升以及生态系统的显著变化，而这些现象都将对自然环境的平衡与人类社会的运作产生重大影响。因此，深入探讨气候变化可能造成的风险和危害，已经成为设计并实施科学应对策略的前提。人类活动产生的大量温室气体排放提升了大气中温室气体的浓度，加剧了地球的温室效应，致使地表温度不断上升，这一连锁反应也对全球可持续发展带来了严峻的挑战。

　　目前，气候减缓与气候适应已经成为解决气候风险的主要方案。气候减缓策略旨在通过减少温室气体排放和增加碳汇来控制全球温度上升，包括提高能源效率、使用可再生能源、森林管理、碳定价和技术创新等措施。气候适应策略则注重如何通过改善基础设施、水资源管理、农业适应、公共卫生系统强化、生态系统保护和恢复等手段来提升系统韧性，以应对不可避免的气候变化影响。

　　关于全球气候变化治理的历史进程，从《联合国气候变化框架公约》的诞生到《京都议定书》的签订，再到《巴黎协定》的全球共识，展现了国际社会携手应对气候挑战的雄心。这些国际协定共同构成了现阶段全球气候治理的基础，旨在通过国际合作减少温室气体排放，增强全球适应能力，并确保气候行动的公正性和可持续性。

　　中国应对气候变化方面的政策实践，包括设立"碳达峰与碳中和"目标、推进可再生能源的广泛应用、实施节能减排措施以及构建碳交易市场等。这些举措不仅体现了我国在全球气候治理中的领导力，也为全球的低碳转型提供了宝贵经验。同时，欧盟、美国等主要经济体所制定的政策法规，也彰显了不同政治环境下，气候变化政策对社会和企业产生的不同影响。

　　企业在应对气候风险这一全球性挑战中扮演着重要角色，特别是在减少温室气体排放与提升运营的可持续性等方面。通过采取积极的措施降低温室气体排放、提升运营的可持续性，企业不仅能为应对全球气候变化做出贡献，还能在激烈的市场竞争中占据有利地位。本章将通过对科学背景、应对策略、国际协定、各国政策和企业应对措施的综合性探讨，全面介绍气候变化及其应对策略的多方面内容，为后续章节的深入分析提供坚实的理论和政策基础。

1.1　应对气候变化的科学背景

　　本节首先阐述了温室气体的基本概念及其对全球变暖的影响机制。随后，讨论了温室气体的主要排放源，并指出人类活动产生的温室气体排放是导致全球变暖的主要原因。最后，本节对气候变化进行了定义，阐述了人类活动对气候变化的显著影响，以及气候变化对全球经济和社会产生的重大威胁，并对国际社会的相关应对措施进行了具体说明。本节旨在为读者构建一个关于气候风险基础概念的框架，通过详细阐释核心术语及其影响，为后续章节深入探讨气候风险的科学原理、评估方法及应对策略奠定坚实的理论基础。

1.1.1　温室气体

　　温室气体（Greenhouse Gas，GHG）指大气中由自然或人为产生的，能够吸收和释放地球表面、大气本身和云所发射的陆地辐射谱段特定波长辐射的气体成分，主要包括水蒸气、二氧化碳和甲烷等气体。随着工业化和现代化的发展，人类活动产生了大量的温室气体，导致大气中温室气体的浓度不断增加。这使得地球表面的温度逐渐升高，产生温室效应，温室气体浓度越高，温室效应越强，进而引发全球变暖、海平面上升、极端天气事件等问题。因此，控制温室气体的排放已成为全球关注的焦点。

不同的温室气体对于全球变暖的影响能力有差别，这一能力通常由全球变暖潜力（Global Warming Potential，GWP）衡量。GWP 是度量温室气体在大气中相对于二氧化碳（CO_2）在特定时间（通常是 100 年）内捕获多少热量的指标。每种温室气体都有其特定的 GWP 值。以二氧化碳作为基准，其 GWP 被设定为 1。其他温室气体如甲烷（CH_4）、一氧化二氮（N_2O）以及氟化气体（HFCs、PFCs、SF_6 等）的 GWP 值则根据它们吸收红外辐射能力的强度和在大气中的停留时间来确定。例如，甲烷的 GWP 在 100 年时间尺度上大约是二氧化碳的 25 倍。这意味着在同等质量的情况下，甲烷对地球温室效应的贡献是二氧化碳的 25 倍。GWP 是国际政策制定和温室气体排放报告中的一个重要概念，它帮助政策制定者、科学家和环境保护组织量化和比较不同温室气体排放的相对影响，从而使其更有效地制定减少全球温室气体排放的策略。全球主要温室气体及其相应全球变暖潜力（GWP）如表 1-1 所示。

表 1-1 主要温室气体及其相应全球变暖潜力

温室气体	化学式	全球变暖潜力（GWP）
二氧化碳	CO_2	1
甲烷	CH_4	25（在 100 年内）
一氧化二氮	N_2O	298（在 100 年内）
氢氟烃	HFCs（各种）	变化（从几百到几千）
全氟化合物	PFCs（各种）	变化（从几百到几千）
六氟化硫	SF_6	23500
水蒸气	H_2O（由于其浓度高度变化，通常在 GWP 计算中不予考虑）	无

温室气体的来源多种多样，主要来自以下几个方面：

1）化石燃料燃烧：煤、石油和天然气等化石燃料的燃烧是产生二氧化碳的主要来源，多见于发电、交通运输、工业生产等活动。

2）工业过程：某些工业过程会释放氟利昂、全氟碳化合物、硫化合物等气体，例如，制冷剂、溶剂和生产过程中的化学反应都会产生这些温室气体。

3）农业活动：农业生产也是温室气体的重要来源。放牧和粪便管理会产生甲烷，而化肥的使用和某些农作物的种植则释放氮氧化物一氧化二氮。

4）森林砍伐与土地利用变化：森林砍伐和土地利用变化，尤其是热带雨林的清理和焚烧，会导致大量的二氧化碳释放到大气中。

5）垃圾处理：垃圾填埋和垃圾焚烧释放甲烷和二氧化碳等温室气体。

6）天然过程：天然过程如火山喷发、植物腐烂和海洋生物活动也会释放一些温室气体。

1.1.2　气候变化

按照联合国政府间气候变化专门委员会（Intergovernmental Panel on Climate Change，IPCC）的定义，气候变化指的是气候状态的变化，这种变化可以通过气候属性的平均值和/或变异性的变化来识别，并持续很长一段时间，通常是几十年或更长。气候变化可能是由于自然的内部过程或外部因素，如大气成分的变化或土地使用的持续人为干预。气候变化可划分为归因于人类活动的气候变化和归因于自然原因（如太阳周期的调节、火山爆发）的气候变化。在本文中，气候变化指归因于人类活动改变大气成分而导致的气候变化。

历史上，人类对于气候变化的认识经历了一个过程，争论主要集中于气候变化是否存在，以及气候变化在多大程度上可归因于人类活动。对于这些问题的回答将影响人类应对气候变化所采取的行动。从 20 世纪 90 年代以来，随着科学研究的深入和证据增多，对于气候变化的原因以及应对气候变化的紧迫性已经逐步达成共识。1997 年，部分发达国家签署了《京都议定书》。《京都议定书》具有法律约束性，签署国家须出台措施控制其碳排放。但由于部分国家签署后又退出，且《京都议定书》涵盖的排放只占全球排放的 1/5 左右，所以人们普遍认为《京都议定书》并未达成目标。2015 年，《巴黎协定》正式通过，该协定明确提出了将全球气温升高幅度控制在 2℃以内的长期目标，并努力将其限制在 1.5℃以内的更理想目标。它将世界各国视为一个命运共同体，鼓励各缔约方根据实际国情和能力为减排行动做出"自主贡献"，但《巴黎协定》不具有类似《京都议定书》的法律约束性。

气候变化被认为是当前人类社会面临的最严峻挑战之一,其对人类社会的影响有两大显著特征。第一,气候变化影响范围广:通过改变整个地球的生态系统,气候变化的影响可以触及全球人类社会的方方面面,包括文化活动、经济活动、自然资源、人类健康等。例如,在人类健康方面,世界卫生组织(WHO)认为,气候变化将影响空气、饮用水和食物的供给,将加剧疟疾、痢疾等疾病的传播,在 2030 年至 2050 年将直接导致全球每年有 25 万人死亡。第二,气候变化超出一定范围后具有不可逆性:普遍的观点是生态系统中存在一个或多个转折点(tipping point),当气候变化导致的生态系统变化超出转折点之后,即使人类社会采取进一步的控制措施,变化也无法逆转。有观点认为,地球的生态系统已经接近于转折点。以上两大特征说明了人类社会采取措施应对气候变化的重要性和紧迫性。

1.1.3 气候减缓与气候适应

在应对气候变化的过程中,"气候减缓"和"气候适应"是两个核心概念,代表减缓气候变化和适应气候变化两大互补性策略。如图 1-1 所示,虽然这两种策略有不同的焦点,但它们是互补的,共同为减轻气候变化的负面影响和

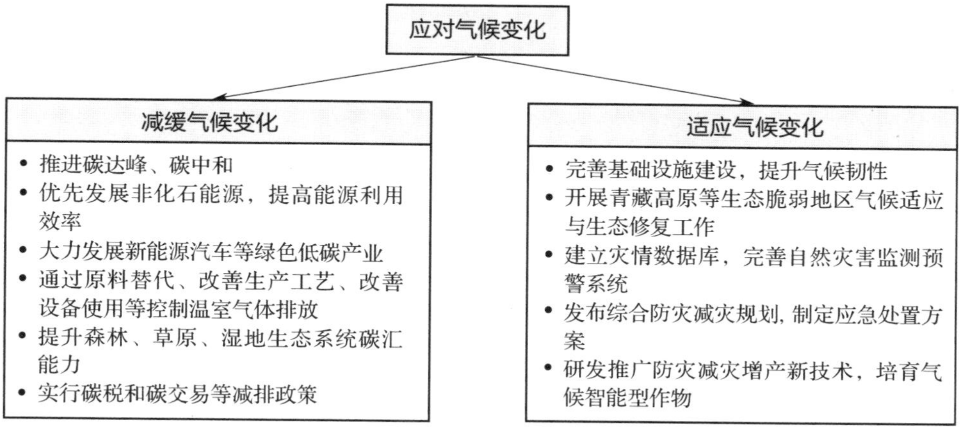

图 1-1 应对气候变化方法的分类及其具体措施

资料来源:《中国应对气候变化的政策与行动 2021》白皮书编制。

增强社会、经济和环境系统的韧性提供了全面的框架。

气候减缓（Climate Mitigation）的主要目标是减少温室气体的排放量并增加碳汇，从而减缓或避免气候变差。为实现这一目标，首先，国家和地区需要推进碳达峰和碳中和，设定明确的减排目标与实现路径。其次，优先发展非化石能源，提升能源利用效率，重点发展太阳能、风能等可再生能源，减少对化石能源的依赖。与此同时，推动新能源汽车等绿色低碳产业的发展也是实现减缓气候变差的重要途径之一。此外，通过原料替代、改善生产工艺及设备使用，能够有效控制温室气体排放。为了进一步提升碳汇能力，保护和恢复森林、草原、湿地等生态系统也是关键手段，能够通过增加碳汇减少碳排放。最后，推行碳税、碳交易等减排政策，通过碳定价机制激励企业和社会减少排放。

气候适应（Climate Adaptation）侧重于调整自然或人类系统，以应对气候变化的实际或预期影响，减轻其带来的损害并抓住潜在的机会。首先，提升基础设施的气候韧性是关键，包括加强防洪、抗旱等设施的建设，以减少气候变化对基础设施的破坏。其次，青藏高原等生态脆弱地区需要进行生态修复，以增强这些区域的适应能力。同时，建立灾情数据库并完善自然灾害监测预警系统，有助于提高应对极端天气事件的能力。通过发布综合防灾减灾规划和制定应急处置方案，可以有效管理和应对气候变化带来的灾害风险。最后，农业领域应通过研发利推广防灾减灾增产的新技术，以及培育气候智能型作物，以增强农业系统对气候变化的适应能力，保障粮食安全。

1.1.4 碳达峰与碳中和

碳达峰与碳中和是应对气候变化相关的两个重要概念。碳排放峰值是指国家或地区等主体的温室气体的最大年排放值，碳达峰（Carbon Peaking）则意味着该主体的碳排放量在某个时间点达到这个峰值。因此，如图 1-2 所示，碳达峰的核心体现在碳排放量的增速持续减缓直至为负，即碳排放量达到历史最高值后逐步回落的过程。

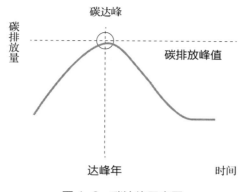

图 1-2　碳达峰示意图

碳中和（Carbon Neutrality）是指在一定时间内，国家或地区等主体通过植树造林、节能减排技术等方式抵消二氧化碳排放量，使得人类活动产生的二氧化碳排放量与吸收量达到平衡状态，从而实现"净零排放"，具体内容如图 1-3 所示。其核心在于二氧化碳排放量的大幅度降低。目前，节能减排技术主要包括碳捕集、利用与封存技术、生物能源技术、光伏、风能等。

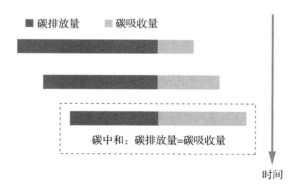

图 1-3　碳中和示意图

从概念上来看，碳达峰是实现碳中和的前提条件，达峰早晚与峰值高低将直接影响碳中和实现所需的时间长短和难易程度。

1.1.5　碳足迹

碳足迹（Carbon Footprint）是指直接或间接导致温室气体排放到大气中的

总量，通常以二氧化碳当量（CO_2e）来衡量。它反映了个人、组织、活动或产品从原材料获取、生产、使用到废弃全过程中产生的直接和间接温室气体排放总和。碳足迹的概念帮助人们量化和理解其活动对气候变化的影响，从而采取措施减少这些排放，努力减缓气候变化的进程。

碳足迹和碳排放这两个概念密切相关，但它们之间存在一些区别。相比碳排放，碳足迹是一个更为广泛和宏观的概念，它量化了个人、组织、事件或产品在其整个生命周期中直接或间接导致的所有温室气体排放总量。这不仅包括直接排放（如使用化石燃料产生的 CO_2 排放），也包括间接排放（如生产和运输过程中的排放）。

例如，衡量一件服装的碳足迹涉及评估其生命周期内所有阶段产生的温室气体排放总量。这通常包括原材料的生产，服装的制造、运输、使用，以及最终的废弃和回收处理过程。针对原材料获取阶段，需要评估服装所用原材料（如棉花、聚酯、羊毛等）的生产过程中的碳排放。这包括种植、采集、加工原料所需的能源消耗和相关排放。针对生产阶段，需要收集服装生产过程中的能源消耗数据，包括纺织、染色、缝制等环节。接着，需要考虑原材料到工厂、工厂到仓库以及最终产品到消费者手中的所有运输过程。在使用阶段，需要评估服装在使用过程中的清洗、烘干等维护活动对能源的消耗。在废弃和回收环节，需要评估服装废弃后的处理方式，如填埋、焚烧或回收。将上述所有阶段的碳排放量汇总，得出该件服装的整体碳足迹。

1.2　应对气候变化的国际协定

气候变化是一个全球性问题，由于温室气体的排放和积累，导致全球气候变暖，其影响远远超越了国界的限制，这是人类社会和自然环境面临的重大挑战。应对这一全球性难题，国际社会需要共同努力，通过制订和执行协调一致的行动计划来减缓气候变化的不利影响，并适应不断变化的气候条件。在这个过程中，国际协定起到了至关重要的作用，它们不仅为全球性减排目标的设定提供了平台，促进各国分享最佳实践成果，还为应对气候变化提供了技术和财政资源的支持，确保全球能够共同应对气候变化带来的风险和挑战。

1.2.1 《联合国气候变化框架公约》

《联合国气候变化框架公约》（United Nations Framework Convention on Climate Change，UNFCCC）是一个国际环境条约，旨在应对气候变化问题及其对人类生活可能产生的影响。公约在1992年的里约热内卢地球峰会上被通过，并于1994年3月21日正式生效。目前，几乎所有的联合国成员国都是该公约的缔约方。

UNFCCC的主要目标是"稳定大气中的温室气体浓度，以防止人类活动对气候系统的危险干扰"。具体来说，公约旨在减缓全球变暖的速度，并给各国足够的时间来适应即将到来的气候变化，同时确保食物生产不会受到威胁，并使经济发展能够持续进行。

UNFCCC强调了"共同但有区别的责任"原则，认为所有国家都有义务参与应对气候变化，但发达国家应该承担更大的责任，因为它们在历史上对大气中温室气体的累积有更大的贡献，并且具有更强的经济能力来帮助发展中国家减缓和适应气候变化的影响。

公约建立了一个定期会议的机制，即缔约方大会（Conference of the Parties，COP），作为公约的最高决策机构。COP每年举行一次，评估气候变化情况和缔约方履行公约义务的进展，并制定新的政策和实施方案。

1.2.2 《京都议定书》

1997年12月，COP3（即《联合国气候变化框架公约》第3次缔约方大会）在日本京都召开。149个国家和地区的代表通过了旨在限制发达国家温室气体排放量以抑制全球变暖的《京都议定书》。《京都议定书》规定，到2010年，所有发达国家二氧化碳等6种温室气体的排放量，要比1990年减少5.2%。具体来说，各发达国家从2008年到2012年必须完成的削减目标是：与1990年相比，欧盟削减8%、美国削减7%、日本削减6%、加拿大削减 6%、东欧各国削减 5% 至 8%。新西兰、俄罗斯和乌克兰可将排放量稳定在 1990 年的水平上。该议定书同时允许爱尔兰、澳大利亚和挪威的排放量比 1990 年分别增加 10%、8% 和 1%。

《京都议定书》需要占 1990 年全球温室气体排放量 55% 以上的至少 55 个国家和地区批准，才能成为具有法律约束力的国际公约。中国于 1998 年 5 月签署并于 2002 年 8 月核准了该议定书。美国 1998 年签署该议定书，但 2001 年 3 月布什政府宣布拒绝批准《京都议定书》。欧盟及其成员国于 2002 年 5 月 31 日正式批准了《京都议定书》。俄罗斯于 2004 年 11 月 5 日正式批准了《京都议定书》。2007 年 12 月，澳大利亚签署《京都议定书》，至此世界主要工业发达国家中只有美国没有签署《京都议定书》。

2005 年 2 月 16 日，《京都议定书》正式生效。这是人类历史上首次以法规的形式限制温室气体排放。议定书遵循"共同但有区别的责任"原则，分为第一承诺期——2008—2012 年，第二承诺期——2013—2020 年。同时，为了促进各国完成温室气体减排目标，还设计了三种温室气体减排的灵活合作机制：国际排放贸易机制、联合履约机制和清洁发展机制。

1.2.3 《巴黎协定》

为应对气候变化，197 个国家于 2015 年 12 月 12 日在《联合国气候变化框架公约》第 21 次缔约方大会上通过了《巴黎协定》。协定旨在大幅减少全球温室气体排放，明确提出了将 21 世纪全球气温升高幅度控制在 2℃ 以内的长期目标，并努力将其限制在 1.5℃ 以内的更理想目标。为了实现这一长期的温度目标，各方致力于尽快达到温室气体排放全球峰值，以在 21 世纪中叶实现全球气候中和。《巴黎协定》于 2016 年 11 月 4 日正式生效。目前，共有 194 个缔约方（193 个国家加上欧盟）加入了《巴黎协定》。

《巴黎协定》包括所有国家对减排和共同努力适应气候变化的承诺，并呼吁各国逐步加强承诺。该协定为发达国家提供了协助发展中国家减缓和适应气候变化的方法，同时建立了透明监测和报告各国气候目标的框架。《巴黎协定》

提供了一个持久的框架，为未来几十年的全球努力指明了方向，它标志着一个向净零排放世界转变的开始。《巴黎协定》的实施对于实现可持续发展目标也至关重要，该协定为推动减排和建设气候适应能力的气候行动提供了路线图。

1.3 中国的气候政策法规

中国是当前世界上的碳排放大国，近年来高度重视应对气候变化，实施了一系列应对气候变化的战略、措施和行动，积极参与全球气候治理。目前，中国已经将应对气候变化摆在国家治理更加突出的位置，不断提高碳排放强度削减幅度，不断强化自主贡献目标，以最大努力提高应对气候变化力度，推动经济社会发展全面绿色转型，建设人与自然和谐共生的现代化。2020 年，中国提出了碳达峰与碳中和（简称为"双碳"）目标，即中国将提高国家自主贡献力度，采取更加有力的政策和措施，使碳排放于 2030 年前达到峰值，努力争取于 2060 年前实现碳中和。这是中国第一次明确提出碳达峰与碳中和时间表，标志着中国正式将气候变化行动纳入国家发展的总体规划。中国正在为实现这一目标而付诸行动〇。除双碳目标外，在"十四五"规划和 2035 年远景目标中，中国提出加快推进生态文明建设，强化温室气体排放控制，推动绿色低碳发展。

中国政府已经制定和实施了一系列措施来减少温室气体排放，促进清洁能源的使用，提高能源效率，并加强生态文明建设。这些措施包括但不限于以下五点。

1）能源强度和碳强度目标：通过五年计划设定能源消耗和碳排放强度的减少目标。

2）可再生能源发展：通过《中华人民共和国可再生能源法》等法律，推动风能、太阳能、水能等可再生能源的发展。

3）节能减排：推广节能技术，提高能效，减少工业、建筑和交通等领域

〇 国务院新闻办公室 . 中国应对气候变化的政策与行动［S］. 2021.

的碳排放。

4）国家碳交易市场：启动国家级碳排放权交易系统，通过市场机制控制和减少温室气体排放。

5）国际合作与参与：中国在国际气候变化谈判中扮演着越来越积极的角色，致力于通过国际合作加强全球气候治理。中国也是《联合国气候变化框架公约》和《巴黎协定》的重要参与者，承诺在全球范围内共同应对气候变化。

1.4 其他国家和地区的气候政策法规

一个国家和地区的气候政策法规的影响往往会超过本国本地区的边界，波及境外企业，因此有必要了解和研究世界上其他国家和地区的气候政策法规，尤其是美国和欧盟这两大经济体的相关政策法规。

以欧盟为例，欧盟在气候变化方面采取了一系列雄心勃勃的政策和法规，旨在减少温室气体排放，促进能源转型，并实现2030年和2050年的气候目标。以下是一些关键的政策和法规。

1）欧盟绿色协议（European Green Deal）：欧盟绿色协议是一项旨在使欧盟经济可持续发展的行动计划，目标是到2050年实现碳中和。该协议涵盖了从清洁能源、可持续交通到生物多样性保护和循环经济等多个领域的广泛措施。

2）欧盟气候法（European Climate Law）：欧盟气候法是一项具有法律约束力的框架，正式将欧盟2050年碳中和的目标写入法律，并设定了到2030年至少减少55%的温室气体排放（相比于1990年的水平）的中期目标。

3）欧盟碳排放交易体系（EU ETS）：EU ETS是世界上最大的碳市场，涵盖了欧盟内大约40%的温室气体排放。通过为碳排放设定上限并允许排放权交易，EU ETS旨在以成本效益最高的方式减少排放。

4）可再生能源指令（Renewable Energy Directive）：该指令设定了欧盟可再生能源的使用目标，要求到2030年，欧盟至少有27%的能源消耗来自可再生能源，促进风能、太阳能和生物质能等清洁能源的发展和应用。

5）能源效率指令（Energy Efficiency Directive）：能源效率指令旨在改善整个欧盟的能源效率，设定了 2030 年之前至少提高 32.5% 能效的目标，通过促进能源节约和效率提升，减少能源消耗和碳排放。

6）欧盟气候适应战略（EU Strategy on Adaptation to Climate Change）：该战略旨在提高欧盟和其成员国对气候变化影响的适应能力，确保经济、社会和环境系统的韧性，包括通过改善知识、推动投资和实施具体适应措施。

7）欧盟碳边界调整机制（Carbon Border Adjustment Mechanism，CBAM）：CBAM 是一项新提议，旨在防止"碳泄漏"，即企业将生产转移到排放标准较低的国家。通过对进口商品的碳含量征税，CBAM 将确保欧盟内外的生产者在碳成本上处于平等地位。

欧盟的气候政策和法规有可能对包括中国企业在内的欧盟境外企业产生影响，特别是那些与欧盟有直接或间接贸易往来的企业。例如，欧盟碳边界调整机制旨在对进口到欧盟的商品征收与其碳含量相对应的费用，以避免碳泄漏现象。这意味着，如果中国企业出口到欧盟的产品产生了较高的温室气体排放，它们可能会面临额外的成本负担，像钢铁、水泥、化学品、肥料和电力等能源密集型行业的企业都可能受到影响。

1.5 企业应对气候变化的必要性

鉴于气候变化影响范围之广，人类社会需要共同努力应对挑战。传统上，国际社会主要关注应对气候变化的国家行为，尤其是通过国际协定的方式约束各国的温室气体排放，为气候变化设计全球解决方案。然而在现实中，由于不同国家发展水平不一致、自然禀赋差异大、利益诉求有冲突，协调各国并达成有约束力的国际协定存在着极其巨大的困难，多次被寄予厚望的国际气候峰会都无果而终。此外，单一的国际社会层面的措施或国家的政府决策也难以激发民众和企业的积极性和创造力。越来越多的学者意识到国家行为的局限性，转而把目光投向其他组织群体。鉴于减少全球温室气体排放需要人类社会的集体行动，有学者提出，为解决处理气候变化问题，采用多中心策略，即

"polycentric approach"（Ostrom，2009）。多中心策略的核心原则是，除国家行为之外，应对气候变化还需要人类社会的各个组成部分采取行动。相比国家层面的单一策略，多中心策略的主要优势在于，该策略可以在多个层面上鼓励特定的组织或群体采用特定的适宜该组织或群体的应对气候变化的策略，充分发挥政策的灵活性。企业是人类经济活动的主体。在多中心策略中，企业应对气候变化的方法方式起至关重要的作用。

在过去十年里，企业面临的各方面压力与日俱增，除保证其经济绩效可持续增长之外，还要提高运营绩效的可持续性。企业对可持续性发展的需求背后由多种商业因素所驱动，包括监管规定的风险、销售损失、声誉下降等外部因素，也包括生产率可能凭借环保方面的技术创新得以提升等内部因素。在很多公司面临的可持续性问题的挑战中，控制温室气体排放是最迫切需要完成的工作之一。监管规定方面的变化可以证明这一新的企业发展导向。比如，美国联邦政府、州政府和地方政府已逐渐开始监管温室气体排放，激励或强制要求各公司采取行动以减少其温室气体排放量。市场对气候变化的重视也在日益提高，应对气候变化不力的企业会承受来自消费者和投资者的双重压力。气候变化本身导致的生态环境恶化也会干扰甚至破坏企业正常的运营流程。

可以通过利益相关者理论（stakeholder theory）对企业应对气候变化的必要性做进一步解释。美国学者 Robert Edward Freeman 将一个组织的利益相关者定义为，所有可以影响组织目标实现或被组织目标实现所影响的个人或群体（Freeman，1984）。不同于传统的仅强调向股东负责的管理理论，利益相关者理论指出，企业的管理过程需要考虑对所有利益相关者的影响。基于利益相关者概念，有学者进一步提出，企业所处的自然环境也应当被认定为其利益相关者（Haigh 和 Griffiths，2009）。这种论点的批评者则认为，成为利益相关者的前提是具有意识，而自然环境不具有意识。为了应对这种批评，部分学者建议扩展 Freeman 对利益相关者的定义。有学者认为，利益相关者指任何管理者应予以关注的实体，自然环境顺理成章囊括其中，这样一来就解决了关于意识问题的争论（Mitchell 等，1997）。认可自然环境作为企业的利益相关者就自然引出了企业应对气候变化的必要性。

研究企业应对气候变化的管理方法需要首先明确气候变化对企业有何种影响。通过对文献的调研，我们可以归纳出气候变化可通过多个渠道对企业产生影响，包括政府政策、市场反应和环境变化，而其影响的维度包括企业的经济绩效和环境绩效。图1-4为气候变化对企业影响的示意图，各个渠道对企业的影响机制如图所示。

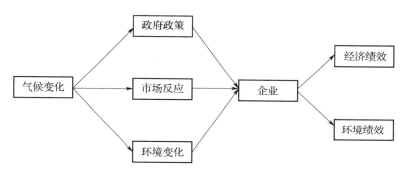

图1-4 气候变化对企业影响的示意图

1.5.1 政府的影响

政府无疑对企业应对气候变化的态度和措施有巨大影响。政府的影响一般通过气候变化相关的各种政策法规发挥作用。从全球范围来看，各国政府采用的政策法规可分为两类：一是企业可自愿参与的、带有激励性质的软性政策法规，二是具有强制性的硬性政策法规。

软性政策法规的代表是美国的"气候领袖"（Climate Leaders）项目。为鼓励企业采用减排行为，美国国家环境保护局（U.S.Environmental Protection Agency，EPA）建立了企业自愿参与的"气候领袖"项目。该项目最初创建于2002年，2011年被"企业气候领导中心"（Center for Corporate Climate Leadership）项目所取代。该项目设置了一系列气候变化相关的条件，例如，企业需设置温室气体排放目标，企业能效须达到一定标准，等等。企业符合条件即可申请加入该项目，获得认证。该项目设立后取得了较好的效果，金融、建筑、电信等各个行业的企业纷纷加入此计划，以获得设立温室气体排放目标及规划减排措施方面的指导。

硬性政策法规包括气候变化相关信息的强制披露、温室气体排放交易、碳税、强制标准和配额等。气候变化相关信息强制披露的代表性政策法规是美国证券交易委员会（Security Exchange Commission，SEC）于 2010 年发布的"关于气候变化相关披露的委员会指南"（SEC FR-82），该指南要求企业在 10-K 年度报告中披露气候变化的相关问题，尤其是气候变化给企业运营带来的风险。此外，美国国家环境保护局推出了"温室气体报告项目"（Greenhouse Gas Reporting Program，GHGRP），要求碳排放量大于每年 25000 吨的工厂或设施向环保局报告其排放量。温室气体排放交易的代表是欧盟温碳排放交易体系。作为一种市场化方法，排放交易的原则是为其所涵盖的设施制定整体排放量，并通过市场交易确定排放权的价格。欧盟的 28 个成员国按照《京都议定书》的规定，于 2005 年 1 月启动了欧盟碳排放交易体系。目前该交易系统涵盖欧盟境内大约 12000 个来自能源、冶金、化工、造纸等行业的工厂和设施。从建立之日起，欧盟碳排放交易体系就成为世界上最大的温室气体排放交易市场。通过该交易体系，欧盟超额完成了《京都议定书》所规定的第一阶段的目标，目前正在推进完成其第二阶段的承诺。碳税的核心思想和碳交易类似，即为温室气体排放定价。例如，加拿大魁北克省从 2007 年 10 月 1 日开始向石油企业收取碳税，额度为每加仑汽油 0.008 加元，即每吨二氧化碳当量约 3.50 加元。强制标准和配额包括为能源效率制定标准、强制温室气体减排幅度和为可再生能源的使用建立最小配额。例如，美国的奥巴马政府出台的"清洁电力计划"（Clean Power Plan，CPP）要求各州达到一定的减排目标；美国加州于 2015 年通过的可再生能源比例标准（Renewable Portfolio Standard，RPS）要求到 2030 年各电力公司供应的电力中至少 50% 来自可再生能源。

1.5.2　市场的影响

决定企业采取减排行动的另一种重要驱动因素是来自于市场的影响

（Anton 等，2004）。市场的影响主要包括两种：一是企业产品或服务的消费者对企业的反应，二是企业的投资人对企业的反应。有环保意识的消费者越来越不愿意购买在气候变化方面形象较差的企业的产品或服务，投资者对将资金注入应对气候变化不力的企业也充满疑虑。

✉ 小案例

气候变化通过市场对企业施加影响的案例

我们以美国煤炭企业 Peabody Energy 为例，来说明气候变化通过市场对企业的影响。Peabody Energy 曾是世界上最大的私营煤炭企业，其主要客户为大型的燃煤企业如火力发电厂等。一方面，气候变化压力和天然气供给的增长促使发电企业对煤炭的需求日益降低。另一方面，机构投资者如共同基金、养老金和高校的捐赠基金越来越强调社会责任投资（Socially Responsible Investment，简称 SRI）这一理念，即其所投资的公司应是在环境、社会和公司治理等方面（environmental，social and governance，ESG）具有良好表现的公司。在全球范围内，社会责任投资正在成为一条普遍的投资标准。联合国建立了"责任投资原则"组织（Principles for Responsible Investment，PRI）以推行社会责任投资。截至 2024 年年初，已有超过 5000 家公司签署了原则，且数目仍在不断增长中。

1.5.3　气候变化的影响

温室气体排放造成的气候变化会直接影响企业运营的生态环境，包括平均温度和极端温度的变化、降水分布变化、海平面上升、热带气旋活动增加等。企业的正常运营离不开适宜的生态环境支持，生态环境恶化可能导致企业绩效的恶化。例如，可口可乐公司表示，气候变化在印度造成了严重的干旱，而干旱导致了生产过程中最重要的原材料水的短缺（通常 2.7 升水可以生产 1 升可乐），从而严重威胁可口可乐的运营状况和经济绩效。因此，气候变化导致的生态环境恶化对于可口可乐的运营有直接影响。可口可乐公司认识到气候变化对其业务的严重负面影响后，在全球范围内采取了一系列具体的措施积极应对气候变化，包括在公司的供应链运输中用可再生能源，如用生物乙醇驱动的卡车代替传统的柴油车，提高可口可乐制造过程的能源效率，并重新设计产品的包装以减少生产过程的碳排放。

又比如，雀巢公司也认为气候变化已经开始影响公司的运营 ⊖："气候变化是一项严峻的全球性挑战，并且已经开始影响我们的经营方式。20 世纪全球平均气温上升了近 1℃，这样的现象导致气候发生巨大改变，由此粮食生产商也被迫调整了他们种植作物的方式、时间和地点以适应这种变化。"

气候变化对企业造成直接影响的一些代表性示例如表 1-2 所示。需要注意的是，气候变化的影响绝不会仅限于某一家公司，而是会通过价值链（value chain）和供应网络（supply network）传递到所有相关企业中。例如，气候变化导致的平均气温升高会影响农作物的种植时间和产量，进而影响食品行业对农作物的采购、运输和加工，最终影响终端零售。

表 1-2　气候变化影响示例

气候变化的后果	影响的行业	代表性企业
平均气温升高	医疗健康、农业相关行业、林业、畜牧业	辉瑞、Tyson Foods，Monsanto、雀巢
海平面上升	建筑业、房地产、渔业、旅游	Related Companies、American Seafoods
降水分布变化	农业相关行业、畜牧业、林业	星巴克、嘉吉、General Mills
热带气旋活动增加	海上石油开采、航运、旅游	BP、马士基、Norwegian Cruise Line

⊖ 雀巢 . Acting on climate change［EB/OL］. https://www.nestle.com/csv/impact/climate-change.

第 2 章　企业气候风险评估与管理策略

在全球化的经济环境中，气候变化已成为影响企业可持续发展不可忽视的因素。随着全球气候系统的不断变化，企业不仅面临诸如极端天气事件这样的物理风险，还必须解决由政策变化、市场需求转变所带来的转型风险。企业气候风险评估与管理策略旨在通过一系列综合流程和措施，帮助企业识别、评估、减缓和适应这些气候变化带来的潜在危害，确保其长期可持续发展。

企业可能面临的气候风险分为两类：物理风险（Physical Risks）和转型风险（Transition Risks）。物理风险包括由极端天气事件如台风和洪水引发的急发性风险，以及由气候长期趋势如全球变暖导致的慢发性风险。转型风险则涉及全球和地区政策变化、技术进步以及市场需求转变所带来的金融和市场风险。

在将气候风险与机遇整合进企业战略规划的过程中，企业应建立专门的气候变化委员会，以监控相关的风险和机遇，并制订相应的应对策略。此外，强化跨部门协作，确保气候考量贯穿于企业的各个活动，并通过先进的数据分析技术支持基于证据的决策制定，也是企业应对气候挑战的关键步骤。

企业需及时识别、评估、减轻及适应气候变化风险。在这一过程中，企业可以采取的策略包括系统性的风险识别与评估，通过提升能源效率和使用可再生能源等措施来减缓风险，以及通过保险和衍生金融工具等方式来转移风险。此外，增强企业的适应能力，如基础设施的加固和提高运营灵活性，也是保证企业在不断变化的气候条件下持续发展的关键。

选择和实施气候风险管理策略时，企业应遵循一系列原则，包括进行成本效益分析，确保策略的可持续性，保持策略的灵活性与适应性，并确保所有措施符合相关环境保护和气候变化的法律法规。这些原则将帮助企业持续、有效管理气候风险，同时把握由此产生的新机遇。

2.1　企业面临气候变化风险的分类

本节对企业可能遭遇的两大类风险，即物理风险和转型风险进行详细解释。物理风险主要涉及由极端天气事件和气候长期趋势引发的直接影响，如台风、洪水和海平面上升。转型风险则源自全球向低碳经济过渡的过程中，政策、技术和市场的变化带来的金融和市场风险可能对企业产生的影响。本节旨在为企业提供一个清晰的风险框架，帮助企业在制订应对气候变化的策略时对面临的风险进行针对性的评估。

2.1.1　物理风险

物理风险可进一步细分为急发性风险和慢发性风险：

1）急发性风险（Acute Risks）：指由极端天气事件（如台风、洪水、极端高温）引发的突发性风险，它们通常发生突然，造成的破坏范围广泛且影响深远。

2）慢发性风险（Chronic Risks）：指由气候变化长期趋势（如海平面上升、温度升高、降水模式变化）引发的风险，这些变化可能逐渐影响农业生产力、水资源可用性、基础设施稳定性等。

对某一特定地点和时间，极端气候事件是统计分布中的小概率事件，通常发生概率仅相当于或小于该类天气现象的10%（或大于90%）（IPCC，2007；IPCC，2001）。《中国极端天气气候事件和灾害风险管理与适应国家评估报告》中定义极端气候事件指天气或气候变量高于（或低于）该变量观测值区间的上限（或下限）端附近的某一阈值时的事件，其发生概率一般小于10%。2011年11月18日，IPCC正式批准了一个新的特别报告，即《管理极端事件和灾害风险，推进气候变化适应》（SREX，2011）。其中将与灾害相关的极端天气和气候事件分为三类：极端的天气和气候变量（温度、降水、风）；影响极端天气或气候变量发生或者本身就是极端的天气和气候现象（季风、厄尔尼诺、热带气旋）；对自然环境的影响（干旱、洪水、极端海平面、沙尘暴、冰川、地形和地质影响，包括多年冻土在内的高纬度变化）。与此同时，如表2-1所示，《中国极端天气气候事件和灾害风险管理与适应国家评估报告》中把极端天气气候事件分为单要素极端天气气候事件和多要素极端天气气候事件两类。此外，极端气候事件具有发生频率低、社会经济损失严重、具有较小或较大的强度值等三个特点。

表2-1　极端气候事件分类及依据

极端气候事件		常用指标和阈值	依据
单要素	高温	日最高气温 ≥ 35.0℃	中国气象局业务规范
	暴雨	12h 降雨量 ≥ 30.0mm 或 24h 降雨量 ≥ 50.0mm	中华人民共和国国家标准（GB/T 28592—2012）
	暴雪	12h 降雪量 ≥ 6.0mm 或 24h 降雨量 ≥ 10.0mm	中华人民共和国国家标准（GB/T 28592—2012）
	大风	瞬时风速 ≥ 17.0m/s 或风力 ≥ 8 级	中华人民共和国气象行业标准（QX/T 48—2007）
多要素	热浪	热浪指数 HI（根据日最高气温、日平均相对湿度和持续时间等计算）≥ 2.8	中华人民共和国国家标准（GB/T 29457—2012）
	寒潮	日最低（或日平均）气温 24h 内降幅 ≥ 8℃ 或 48h 内连续降幅 ≥ 10℃ 或 72h 内连续降幅 ≥ 12℃，且最低气温 ≤ 4℃	中华人民共和国国家标准（GB/T 21987—2008）
	气象干旱	综合气象干旱指数 CI（根据标准化降水指数和相对湿度指数计算）≤ −0.6	中华人民共和国国家标准（GB/T 24081—2006）
	台风	底层中心附近最大平均风速 ≥ 32.7m/s 或底层中心附近最大风力 ≥ 12 级	中华人民共和国国家标准（GB/T 19201—2006）
	沙尘暴	风力 ≥ 6 级（或风速 10.8m/s）且水平能见度 ≤ 1.0km	中华人民共和国国家标准（QX/T 48—2007）

（续）

极端气候事件		常用指标和阈值	依据
多要素	雾霾	水平能见度 <1.0km，且相对湿度较高，常呈乳白色	中华人民共和国国家标准（QX/T 48—2007）
		水平能见度 <10.0km，且相对湿度降低，常使远处光亮物体微带黄、红色，黑暗物体微带蓝色	中华人民共和国气象行业标准（QX/T 48—2007）

气候模式长期变化指的是气候系统在较长时间尺度上发生的变化，关注的是气候系统在几十年甚至更长时间跨度上的变化趋势和模式。气候模式长期变化主要受到多种因素的影响，包括自然因素（如太阳辐射变化、火山活动等）和人类活动引起的人为因素（如温室气体排放、土地利用变化等）。气候模式长期变化的研究对于了解气候系统的演变和预测未来的气候趋势非常重要，常见的气候模式长期变化包括全球变暖、降水分布变化、海洋表面温度的升高等。其中，全球变暖是指地球表面气温整体上升的趋势，这导致极端天气事件的增加和冰川融化等事件的发生等。

从时间长短看，物理风险的影响分为短期影响和长期影响。突发极端天气事件对位于气候灾害集中地区企业的资产和运营产生影响，直接导致业务中断和财产损失，尽管这类风险的影响被认为是短暂的，但随着全球变暖的加剧，这些事件发生的可能性也将大幅提升，破坏力也将越来越大。气温升高、海平面上升和海洋酸化，这些长期的变化可能影响企业劳动力、资本供给和市场需求变化，需要企业的大量投资和适应。

从企业生产要素看，物理风险的影响分为劳动力影响、土地影响、资本影响和数据影响。首先，物理风险提高企业员工的健康和安全风险，减少劳动力的可用性和劳动效率。自然灾害如地震、台风、洪水等可能导致员工受伤和交通中断，降低员工的到岗率。其次，物理风险导致土地受损和基础设施受损，需要进行修复或重建，甚至无法利用。再次，物理风险增加企业资金需求，由于信息不对称等原因融资导致获得性降低。面对物理风险企业需要采取购买保险、建立紧急基金等措施，增加企业的运营成本和财务负担，由于经营风险和信息不对称程度的增加，企业可用资金大幅度减少。最后，物理风险导致企业信息系统中断，甚至数据丢失，影响企业业务的连续性和安全性。

2.1.2 转型风险

转型风险指为应对气候变化而进行的全球和地区政策、经济、社会和技术转型所带来的金融和市场风险。随着过渡到低碳经济的进程加速，这些风险可能对企业造成直接和间接的影响。相关的转型风险包括以下四点。

第一，政策和法律风险。围绕着气候变化，政策也在不断地进行调整。它们的目标通常可分为两类：限制进一步加剧气候变化不良影响的活动，或促进适应气候变化的活动。相关示例包括实行碳定价机制以减少温室气体排放，更多地使用污染排放较低的能源，实行节能解决方案，鼓励实行更多的节水措施，以及倡导土地可持续使用。与政策变化相关的风险及其产生的财务影响取决于政策变化的时机和性质。另一个重要风险是诉讼或法律风险。近年来，全球范围内的房产业主、市政机构、保险公司、股东和公共利益组织向法院提出的气候相关诉讼索赔不断增加。此类诉讼的原因包括各组织未能缓释气候变化带来的影响，未能适应气候变化，以及未能充分披露重大财务风险。随着气候变化造成的损失与损坏价值的增加，诉讼风险也可能随之增加。

第二，技术风险。支持向低碳、节能型经济体系转型的技术改善或创新，可能对各组织产生重大影响。例如，对可再生能源、电池储能、能源效率、碳捕获和封存等新兴技术的开发和使用，将对特定组织的竞争力、生产和配送成本产生影响，并最终影响终端用户对其产品和服务的需求。新技术取代现有的旧体系，将对现有经济体系的某些部分造成干扰，在这种"创造性破坏"的过程中，将产生赢家和输家。在评估技术风险时，技术开发和应用的时机是一项关键的不确定因素。

第三，市场风险。虽然市场受气候变化影响的方式多样且复杂，但随着气候相关风险和机遇越来越受到重视，主要影响方式之一是改变对特定大宗商品、产品和服务的供需关系。另外，随着技术进步和消费者偏好的变化，对低碳产品和服务的需求增加，而对高碳产品的需求减少，可能会影响企业的市场份额和竞争地位。

第四，声誉风险。气候变化已被认为是声誉风险的潜在来源，这可能会改变客户或社群对企业的看法：是对转型至低碳经济做出了贡献，还是背道而驰。此外，投资者越来越重视企业的气候变化表现，企业如果在这方面表现不佳，可能会失去投资者的信任和资金支持。

物理风险和转型风险共同构成了企业在气候变化背景下必须面对和管理的挑战。有效识别、评估和管理这些风险对企业的长期可持续性和竞争力至关重要。企业需要通过建立全面的气候风险管理策略，整合到整体风险管理框架中，以确保能够适应不断变化的环境和市场状况。

2.2 将气候风险与机遇纳入企业战略的措施

气候风险应当被纳入企业的战略规划和决策过程中，这是因为气候变化对企业运营、财务表现、品牌声誉和长期可持续性都有着深远的影响。从组织结构的角度实现这一目标，可以采取以下措施。

1）设立专门的气候变化委员会或部门：负责监控气候相关的风险和机遇，制定相应的策略和行动计划，并确保这些策略和计划与企业的整体战略目标一致。这个委员会或部门应直接向董事会报告，确保气候变化议题在企业最高决策层中获得足够的重视。

2）融入企业治理结构：在董事会层面，确保董事会成员中有足够的气候变化知识和专长，以便于在战略规划中考虑气候风险和机遇。同时在企业的战略决策和风险管理流程中明确包含对气候变化影响的考量。

3）强化跨部门协作：加强不同部门之间的协作和沟通，确保气候变化的考量贯穿于产品开发、运营、采购、销售等所有企业活动。建立内部机制来共享关于气候变化影响的最新科学研究、技术进展和市场趋势。

4）嵌入战略规划和绩效评估：将气候风险和机遇分析整合到企业的长期战略规划中，确保企业能够适应未来环境的变化。同时将气候相关指标和目标纳入企业的绩效评估体系，包括为高级管理层岗位设置与气候变化相关的绩效目标。目前，一些国际企业已经开始将高管薪酬与气候目标是否达成挂钩。

5）培训和教育：通过培训和教育活动提升员工对气候变化问题的意识和理解，鼓励创新和积极行动。投资于员工培训，特别是在可持续性管理和绿色技术方面，以建立企业内部的专业知识库。

6）利用科技和数据分析：利用先进的数据分析技术来更准确地评估气候风险和机遇，支持基于数据的决策制定。开发系统来监控气候相关指标，并定期向内部和外部利益相关者报告进展和成果。

通过上述举措，企业可以更有效地将气候风险和机遇纳入其战略规划和决策过程中，这不仅能够降低潜在的风险，同时也能抓住因应气候变化而产生的新机遇。

2.3 企业气候风险管理策略

本节旨在向企业展示如何通过综合方法系统地管理气候风险。企业在应对气候变化的过程中需要采取一系列策略，以降低和适应这些风险。本节阐述了企业可以实施的气候风险管理策略，即风险识别与评估、风险减缓、风险转移和风险适应这四大类。通过这些策略，企业不仅能够减少气候变化带来的直接和间接损失，还能提高其适应未来不确定性的能力。具体而言，企业可利用高效能源技术减少温室气体排放，采用保险和衍生金融工具转移风险，以及通过基础设施加固等措施增强其气候韧性。

2.3.1 风险识别与评估

风险识别与评估是企业气候风险管理的首要步骤，它涉及系统地识别可能对企业产生影响的气候相关风险，并评估这些风险的潜在影响及其发生的可能性。这一过程使企业能够优先考虑和管理那些最可能影响其运营、财务状况和声誉的风险。

具体而言，风险识别策略包括以下四类。第一，内部审查：通过审查企业内部运营、历史数据和财务报告，识别过去和当前操作中受气候变化影响的领域。第二，利益相关者咨询：与员工、供应商、客户和地方社区等利益相关者沟通，了解他们对气候变化影响的见解和经验。第三，专家咨询和研究：利用外部专家知识和最新科学研究，识别可能因气候变化而出现的新风险。第四，行业分析：分析同行业内其他企业的气候风险披露和管理实践，了解行业趋势和潜在风险。

风险评估策略包括以下四类。第一，定性评估：通过讨论和专家判断，对识别的风险进行分类，评估其对企业的潜在影响大小和发生的可能性。第二，定量评估：采用模型和工具，如情景分析，对风险进行量化分析，预测不同气候变化情景下的具体影响。第三，风险矩阵：结合风险的可能性和影响程度，使用风险矩阵对风险进行排名，确定优先管理的风险。第四，敏感性和脆弱性分析：评估企业在特定气候变化情景下的敏感性和脆弱性，识别风险热点。

2.3.2　风险减缓

企业的风险减缓策略旨在通过一系列的措施和方法减少气候变化带来的负面影响。这些策略通常涉及减少企业活动对环境的影响，提高企业对气候变化的适应能力，以及减少潜在的财务损失。常见的风险减缓策略包括以下六类。第一，能源效率提升：通过采用高效能源技术和改进运营流程，降低能源消耗和减少温室气体排放。第二，可再生能源利用：转向风能、太阳能等可再生能源来源，以替代传统的化石燃料。第三，供应链管理：与供应商合作，确保供应链的环境影响最小化，促进整个供应链的可持续性。第四，产品设计与创新：开发低碳或无碳产品，通过产品设计减少资源使用和废物产生。第五，碳定价与内部碳定价机制：实施碳定价政策，为企业内部的碳排放成本设定价格，激励减排。第六，碳补偿与碳抵消：投资碳抵消项目，如植树造林或可再生能源项目，以补偿企业的碳排放。

2.3.3 风险转移

在应对气候变化风险方面，企业采用的风险转移策略主要旨在将因气候变化而产生的潜在损失转移给其他方，减轻企业自身承担的风险负担。常用的风险转移策略包括以下四点。

1）气候相关保险：气候相关保险是指专为气候变化带来的特定风险（如极端天气事件和自然灾害）设计的保险产品。这些保险产品旨在为企业提供财务保护，减轻由于气候变化导致的直接物理损失。企业可以通过购买洪水保险、台风保险、干旱保险等专门保险，来转移由极端气候事件引起的风险。此外，农业保险、气象指数保险等也可以为依赖特定气候条件的企业提供保护。这类保险的赔付通常基于气象数据和预定的触发条件，而非传统的损失评估。

2）碳排放权交易：碳排放权交易是一种市场机制，允许企业购买或出售碳排放配额。这为企业提供了一种经济手段来管理其碳排放，同时鼓励减排。企业如果能够减少自身的温室气体排放量，可以出售多余的排放配额给市场上需要额外排放配额的企业。反之，如果企业无法立即减少排放以满足法规要求，它可以通过购买额外的排放权来合法化其排放，从而在经济上转移减排压力。碳市场的存在为企业提供了灵活性，帮助它们以成本效益的方式达到减排目标。

3）衍生金融工具：衍生金融工具如期货、期权和掉期等，可以用来对冲由于气候变化导致的价格波动和其他市场风险。企业可以使用这些金融工具来锁定能源价格、原材料成本等，保护自己免受未来价格波动的影响。例如，农产品期货可以帮助农业企业锁定其产品的未来售价，减少由于天气变化导致的市场价格波动风险。此外，企业也可利用与气候直接相关的衍生金融工具，如基于特定气象指标（如温度、降雨量、风速等）的天气衍生品。

4）合同条款调整：通过在供应链合同中嵌入特定条款，将气候变化引起的某些风险转移给合作伙伴或供应商。例如，企业可以与供应商协商，确立在发生不可抗力事件（如极端天气事件）时的责任和义务。这种策略通过明确风险承担方，帮助企业管理和分散因气候变化导致的供应链风险。

通过采用这些风险转移策略，企业可以在一定程度上减轻气候变化对其运营和财务的直接影响，提高适应气候变化的能力，保持稳健和持续发展。

2.3.4 风险适应

企业在应对气候变化风险方面采取的风险适应策略旨在增强其对气候变化影响的韧性和适应能力，确保能够在不断变化的气候条件下维持运营和增长。常用的风险适应策略包括以下四点。

1）基础设施改造和加固：通过升级和加固企业的物理基础设施，使其能够抵御极端天气事件和长期气候变化的影响。这可能包括增强建筑物的耐洪水能力、改善排水系统、安装紧急备用电源系统以及对受气候变化影响最大的区域进行特别加固。例如，沿海地区的企业可能需要提高防洪堤以防止海平面上升造成的洪水。

2）供应链多元化：通过多元化供应链来源和合作伙伴，减少对单一供应商或地区的依赖，以应对气候变化可能导致的供应链中断。多元化策略包括寻找替代供应商、在不同地区建立生产设施以及开发替代原材料来源。例如，一个依赖特定农产品的食品生产企业可能会寻找能在不同气候条件下生长的作物品种，或者建立与多个生产区的合作关系。

3）提高运营灵活性：开发灵活的业务策略和运营模式，以快速适应气候变化引起的市场和环境变化。具体包括开发新产品和服务来满足因气候变化而变化的消费者需求，或者调整生产计划和销售策略以适应变化的气候条件。例如，服装公司可能会调整其产品线，以适应变化的季节模式和温度变化。

4）气候变化知识和能力建设：通过教育和培训提高员工对气候变化的理解，增强企业在气候变化适应方面的整体能力。这包括为员工提供关于气候变化影响、风险管理策略和适应措施的培训以及鼓励创新思维以找到解决方案。例如，企业可能会组织研讨会和工作坊，讨论气候变化对其业务的具体影响，并探索适应策略。

通过实施适应策略，企业可以提高对气候变化影响的抵抗力，确保在面对气候变化引起的挑战时能够持续发展和保持竞争力。

2.4 气候风险管理策略选择的原则

在现实中，企业需要仔细考察第 2.3 节中描述的四种策略，从中选择最适宜的策略或策略组合。企业应对气候变化的策略选择需要基于对其业务特性、所在行业、地理位置以及面临的具体气候风险的深入理解。选择最适宜的方法时，企业应遵循一系列原则，以确保所采取的措施既有效又可持续。一些关键原则包括以下四点。

1）通过成本效益分析考察经济可行性：对不同的应对措施进行成本效益分析，考虑其长期和短期的经济影响，选择成本效益比最高的方案。确保资本和资源被有效分配到能带来最大风险降低或适应能力提升的措施上。

2）可持续性：选择对环境影响最小的应对措施，支持企业的可持续发展目标。考虑措施对社会和社区的影响，特别是在保护弱势群体和支持经济发展方面的作用。

3）灵活性与适应性：选择能够适应未来气候变化和政策变动的策略，增加企业的韧性。实施可根据未来情况调整的灵活策略，以应对气候变化的不确定性。

4）合规性与先见性：确保所有策略和措施遵守当地和国际上关于环境保护和气候变化的法律法规。关注气候变化相关的政策、技术和市场趋势，确保企业策略的前瞻性和领先性。

第3章　企业气候变化目标设定

　　企业气候变化目标的设定在企业气候变化风险管理中占据着核心的位置和角色。它不仅是企业战略规划的一部分，也是企业可持续发展和社会责任实践的关键要素。企业设定的气候变化目标直接影响其长远的战略规划和日常运营决策。通过明确的减排目标，企业能够确定未来的发展方向，包括技术创新、产品和服务的调整、运营效率的改进等方面，确保企业发展与全球气候行动相一致。

　　气候变化带来的物理风险和转型风险对企业构成了挑战。设定基于科学的气候变化目标有助于企业识别这些风险，并通过制定相应的减缓和适应措施来管理风险，如加强基础设施的韧性、优化供应链管理、投资低碳技术等。设定并实现气候变化目标能够提升企业的品牌形象，吸引对可持续发展有高度关注的消费者和投资者，从而在市场中获得竞争优势。

　　随着全球对气候变化行动的加强，越来越多的国家和地区开始实施有关碳排放和环境保护的法律法规。设定并积极实施气候变化目标能够帮助企业提前适应这些变化，减少合规风险。明确的气候变化目标有助于企业与利益相关者（包括客户、供应商、政府机构和社区）进行有效沟通。通过透明地分享其气候行动计划和进展，企业能够与利益相关者建立信任，促进合作伙伴关系，共同应对气候变化带来的挑战。综上所述，企业气候变化目标的设定是其整体可持续发展战略的核心组成部分，对于引导企业长期发展、管理气候风险、增强竞争力、促进创新和效率、满足监管要求以及促进利益相关者沟通等方面都发挥着关键作用。

设定目标需要采用科学方法。科学基准目标（Science-Based Targets，SBT）是指企业根据最新的气候科学研究，设定与全球温室气体减排需求相一致的目标，以限制全球平均气温升高至工业化前水平以上 1.5℃至 2℃的长期目标。SBT 方法为企业提供了一种基于科学的、系统的途径来设定其温室气体减排目标。

3.1　企业设定温室气体排放目标的意义

企业设定气候目标有许多重要原因，这些原因涵盖了企业的可持续性、风险管理、声誉、法规遵从和商业机会等多个层面，包括但不限于以下七个方面。

1）可持续性和责任感：设定气候目标是企业履行社会责任和可持续发展承诺的一部分。通过采取减排措施，企业能够降低其对气候变化的负面影响，为社会和环境做出积极贡献。

2）风险管理：气候变化可能对企业的运营、供应链和资产价值产生实际风险。设定气候目标有助于企业识别和管理这些风险，减少受气候相关事件影响的概率，提高企业的韧性。

3）法规遵从：许多国家和地区都在加强对温室气体排放的法规，企业设定气候目标可以帮助其遵守这些法规，降低可能面临的罚款和法律责任。

4）声誉管理：消费者和投资者越来越关注企业的环保和社会责任。设定气候目标并取得实质性成就可以提高企业的声誉，吸引更多的消费者和投资者，形成良好的品牌形象。

5）成本节约：通过提高能源效率、减少浪费和采用清洁技术，企业可以降低能源和资源成本。这些措施不仅符合环保目标，还有助于提高企业的竞争力和盈利能力。

6）商业机会：低碳经济转型带来了许多商业机会。设定气候目标并投资于可持续业务实践，企业可以参与新兴市场，开发清洁技术，并在可持续发展的领域中寻找新的业务模式。

7）员工参与和忠诚度：许多员工更愿意为那些对环境负责任的企业工作。设定气候目标并展示对可持续性的承诺有助于吸引和保留高素质的员工，提高员工的工作满意度和忠诚度。

总体而言，设定气候目标是企业在当前全球关注气候变化的环境中，实现可持续经营和创造长期价值的重要步骤。这有助于企业在面临日益严重的气候挑战时更具竞争力和韧性。

3.1.1　温室气体排放目标

目前最具影响力的气候国际协议是《巴黎协定》，它在 2015 年达成，目标是将全球平均气温升高控制在工业化前水平基础上 2℃以下，并努力将温度增幅限制在 1.5℃以内。为实现这一目标，《巴黎协定》鼓励各国提交自主贡献决定（NDCs），即每个签署国承诺实现的减排目标。尽管《巴黎协定》没有明确规定具体的年均减排速率，但根据政府间气候变化专门委员会（IPCC）的报告，为了将全球变暖限制在 1.5℃以内，需要到 2030 年将全球净 CO_2 排放量较 2010 年水平减少约 45%，并在 2050 年前达到"净零排放"。关于我国的双碳目标，具体的年均减排速率没有正式公布的具体数值，这主要因为减排速率会受到多种因素的影响，包括经济增长、能源结构调整、技术进步等。

与全球及国家级温室气体排放目标的讨论相呼应，设定企业的温室气体排放目标也正在成为越发重要的议题。石油和天然气公司是企业界主动设立企业温室气体排放目标的先驱。英国石油公司（BP）于 2000 年设立并对外公开了其首个温室气体排放目标：至 2010 年，从 1990 年的排放水平减少 10%（Hove 等，2002）。之后，其他石油天然气公司也追随 BP 的脚步相继开始设定温室气体排放目标。随后，设立温室气体排放目标的行动逐渐扩展到了其他行业的许多企业，尤其是能源消耗量大的企业（Dunn，2002）。随着公众对气候变化认知的深入和相应风险意识的提高，很多行业里设立温室气体排放目标的企业数量猛增。为促进企业制定温室气体排放目标，一些政府也制定了相应的激励政策。例如，前文中提到，为鼓励企业的减排行为，美国环保局建立了企业自愿参与的"气候领袖"项目。2015 年，碳排放信息披露项目（CDP）、世界自然基金会（WWF）、世界自然研究所（WRI）以及联合国全球契约（UNGC）共同发起世界科学目标倡议（Science Based Targets initiative，SBTi），以推动设定公司层面目标的科学方法研究。这些动向反映出政策制定者以及企业越来越意识到企业层面温室气体排放目标设定的重要性。

3.1.2　温室气体排放目标的特征

通常，温室气体排放目标会包含多个方面的特征。可以从目标采用、目标度量、目标范围、目标严苛度、目标完成度五个最重要的特征入手对企业温室气体排放目标进行分析。这五个特征的含义如下。

1）目标采用：目标采用指某企业是否已经建立温室气体减排目标的二元情况。各企业设定目标的动机可能有所不同。基本上来说，设定排放目标可以使公司有一个判断其应对气候变化举措是否成功的衡量标准。目标同时还可以为一家企业采取具体的减排行动带来动机和压力。另外，设置排放目标也是企业向公众展示其应对气候变化的积极性的一个方法。

2）目标度量：目标度量指企业在衡量其温室气体排放措施时采取的是强度标准还是绝对标准，二者均为企业在实际中广泛采纳的目标度量。无论公司的产出量大小，绝对目标对未来某一时间点的温室气体绝对排放量进行限制；强度目标限制企业每单位产出的温室气体排放量，如生产每吨钢材的温室气体排放量、每单位营收的温室气体排放量。关于绝对度量和强度度量的优缺点的讨论十分广泛。由于强度目标可以将总排放量同经济活动联系在一起，人们通常认为在国家层面强度目标可以提供的适应经济增长的管理框架比绝对目标更为灵活（Pizer，2005）。事实上，在国家层面，中国和印度等经济发展迅速的国家确实更倾向于制定基于 GDP 的碳强度的排放目标，而非《哥本哈根协定》

中所讨论的限制绝对排放量的条款。但也有学者认为,强度目标所导致的排放总量的不确定为应对气候变化带来了潜在的问题,因此强度目标有可能造成排放量失控的结局(Dudek 和 Golub A,2003)。此外,我们也注意到,有部分公司同时采用绝对目标和强度目标。

3)目标范围:目标范围明确规定目标涉及的温室气体排放源的广度。一家企业的范围 1 温室气体排放指的是,由企业直接控制或所有的工厂和设施产生的全部温室气体排放。一家企业的范围 2 温室气体排放是由企业消耗或者购买的发电、发热、蒸汽产生的非直接温室气体排放。一家企业的范围 3 温室气体排放包含除范围 2 温室气体排放之外,公司活动中由公司非自有或非自控资源产生的全部温室气体排放。也就是说,范围 3 温室气体排放指的是公司上下游供应链产生的非直接温室气体排放。企业的排放目标可包括这三个范围温室气体排放的组合。

4)目标严苛度:目标严苛度指的是排放目标所对应的减排程度,在一定程度上反映了完成目标的难度。假定其他相关变量不变,增加减排严苛度通常意味着该企业需要在此方面下更大努力以实现目标。相关研究显示,目标严苛度对某些行业或企业的减排效果可以产生积极和关键性的影响。因此,严苛度是一个值得追踪的重要指标。另外,我们也注意到,目标严苛度并不能完全反映目标的有效性。这是因为有效性与实际中目标的实施和监管有关,这也就引出了目标的下一个特征,即完成度。

5)目标完成度:目标完成度这个变量反映的是实际生产中目标的完成情况,即距离目标实现的进度情况。测量目标完成的情况要考虑两方面的因素,即从时间上而言,距离目标设定的期限还剩多少时间,以及当前的减排量距离目标所设定的减排量有多大区别。

3.2 企业温室气体排放类型划分

本节深入探讨企业温室气体排放的分类方法,明确区分排放类型的目的和具体定义。这种分类方法有助于企业全面评估其对气候变化的影响,从而实现可持续发展的转型。通过对温室气体排放进行分类，企业可以更加系统地理解和管理碳足迹，从而制定和实施更为有效的减排策略。这不仅提高了企业对环境责任的响应能力，还满足了国际碳报告标准的要求，增强了企业与供应链和消费者之间的沟通和合作。

3.2.1 进行温室气体划分的目的

将温室气体排放分类为不同的范围的目的在于更全面、系统地理解和管理企业的碳足迹，以便采取更有针对性的减排措施。具体原因如下。

1）全面了解排放来源：不同范围的划分有助于企业全面了解其温室气体排放的来源。常见的划分方式是依据排放源的归属，将排放划分为范围1、范围2和范围3。范围1关注直接排放，范围2关注间接排放，而范围3包括供应链和其他间接排放。这种分类使企业能够追溯排放源头，更准确地定位问题和机会。

2）有针对性的减排策略：不同范围的排放通常涉及不同的控制和减排策略。例如，范围1排放可以通过更高效的生产工艺和能源转型来减少，而范围3排放可能需要更广泛的供应链合作和产品创新。分类有助于企业有针对性地制订和实施减排计划，提高减排效益。

3）满足报告和标准要求：许多碳报告和标准要求企业报告不同范围的温室气体排放。分类有助于企业按照这些要求报告其排放，确保透明度和可比性。这对于满足国际标准、行业标准和利益相关方的期望至关重要。

4）提高企业社会责任：将排放分为不同的范围有助于企业更全面地履行社会责任。通过考虑供应链和产品的整个生命周期，企业可以更全面地评估其对气候的影响，采取措施降低负面影响，提高企业在社会和市场中的声誉。

5）激励整个价值链参与：范围3排放的存在激励企业与其供应链和合作伙伴合作，共同降低整个价值链的温室气体排放。这种合作有助于构建更加可持续的业务生态系统。

总体来说，将温室气体排放划分为不同的范围有助于企业更全面地认识和管理其碳足迹，从而更有效地应对气候变化，提高可持续性。

3.2.2 温室气体划分类型

我们可以根据排放源的归属，将企业温室气体排放划分为范围1、范围2和范围3这三大类，其具体分类依据和定义如表3-1所示。在一些情况下，企业可能会考虑范围3之外的其他排放，因此近年还出现了"范围3+"或"范围4"等概念。这些概念通常指的是超越传统范围3的排放类别，以更全面地考虑企业的温室气体足迹。

"范围3+"（Scope 3+）的定义是指在范围3之外考虑其他间接温室气体排放。这可能包括更广泛的生命周期分析，以涵盖更多与企业活动相关的排放来源。"范围3+"可能包括额外的间接排放来源，如水资源管理、土地利用变化、生态系统破坏等，这些对气候变化和可持续性产生间接影响。

范围4（Scope 4）通常指的是与企业业务相关的其他排放，扩展到更广泛的社会和环境影响，不仅仅是气候变化。这包括对大气污染、水资源、土壤健康等的考虑。例如，范围4可能包括对生态系统服务、环境污染、资源耗竭等的评估，以更全面地了解企业的可持续性和社会责任。

表3-1 温室气体具体划分类型

排放范围	定义	示例
范围1	企业直接产生的温室气体排放，主要包括燃烧化石燃料和工业生产过程中产生的排放	公司自有建筑的天然气供暖排放，内部燃烧发动机车辆产生的尾气排放，工业生产中使用的化石燃料导致的二氧化碳排放
范围2	企业间接产生的温室气体排放，主要是由购买的电力和热能的生产过程中产生的排放	购买来自电力公司的电力所导致的二氧化碳排放，使用购买的蒸汽或热水引起的排放
范围3	与企业活动相关的其他间接温室气体排放，包括供应链、客户使用和废弃产品的排放	供应链中原材料和产品运输的温室气体排放，由公司产品在使用和处理阶段产生的排放，建筑物和设施的废弃物处理引发的排放，企业旅行和员工差旅排放

3.3　科学基准目标设定

本节专注于科学基准目标设定的深度剖析，旨在为气候行动确立精确的量化指标体系。首先，我们根据气候科学与地球系统理论，揭示目标设定的科学依据。随后，逐步展开设定流程，细致讲解从确定目标的边界和范围、基线排放盘点、设定目标、制订实施计划等核心步骤及其考虑要素，构建起一套系统性的方法论框架。最后，本节借助可口可乐公司的实例，阐述科学基准目标如何在现实情境中落地生根，揭示其对推动企业进行低碳转型的实践价值。

3.3.1　科学基准目标的理论基础

科学基准目标是一种为气候变化设定目标的方法，旨在确保企业的减排努力与科学所确定的全球气候目标保持一致。这种方法被广泛应用于组织和企业，以确保它们的温室气体减排目标有科学依据且有助于实现全球温控目标。科学基准目标的要点包括以下五点。

1）全球温室气体减排目标：科学基准目标的首要目标是确保企业的温室气体减排目标符合全球控制气温上升的科学基础。这通常涉及将企业的减排目标与《巴黎协定》中确立的全球气温上升幅度控制目标相一致，即控制全球平均气温上升在工业化前水平基础上不超过 2℃，甚至争取将上升幅度控制在1.5℃。

2）部门减排路径：科学基准目标还考虑了不同行业和部门的特定条件。这意味着不同行业将制定适合其特点的减排路径，以确保它们对全球气候目标的贡献是合理的、可行的，并能够在行业内推动变革。

3）设定科学基准：这一方法的核心是设定科学基准，通过科学研究和气候模型来确定企业需要达到的减排水平。这种科学基准通常是从全球碳预算中派生出来的，考虑了不同行业和国家的贡献。

4）透明度和验证：企业需要公开其减排目标、减排计划和实施进展，并经过独立验证机构的审核，以确保其减排目标符合科学标准。透明度和验证是科学基准目标的重要特征，有助于建立信任和可比性。

5）引导行业和市场转型：科学基准目标的采用旨在引导企业和整个行业朝着更低碳、更可持续的方向发展，推动全球市场向更加气候友好的经济体系转型。

通过采用科学基准目标，企业能够在实现自身可持续性目标的同时，对抗气候变化并为全球温室气体减排目标做出贡献。这种方法促使企业更具前瞻性地思考和行动，助力实现全球气候变化的应对目标。

3.3.2 科学基准目标的设定过程

设定科学基准目标是一个系统性的过程，旨在确保企业的温室气体减排目标与科学所确定的全球气候目标相一致。设定科学基本目标主要包括六个步骤。

1. 确定目标的边界和范围

确定目标的边界和范围是设定科学基本目标的关键步骤之一，它确保了企业减排目标的全面性和一致性。边界指的是企业减排目标涵盖的业务范围，而范围则涉及企业温室气体排放的不同类别。

确定目标边界：首先，企业需要选择适当的组织边界。这包括两种方法：控制法（按照企业拥有或控制的运营来确定边界）和权益法（按照企业对其运营的财务投入比例来确定边界）。之后，企业需要确定业务活动边界，即企业需要识别哪些业务活动、地理位置和资产包含在减排目标内。这可能包括所有业务单位、特定的地理区域或特定的业务活动。然后，企业需要决定是否将子公司、合资企业和其他业务关系包含在目标边界内。这需要考虑企业对这些实体的控制程度和对其排放的影响力。

确定目标范围：企业需考虑目标对于范围1（直接排放）、范围2（间接排放）和范围3（其他间接排放）的涵盖情况。

总体而言，企业在确定目标边界和范围时，应确保数据收集和报告过程的一致性，以便于与其他企业和行业基准进行比较；应保持透明，明确哪些业务单元和排放类型被包括或排除；应尽可能全面地考虑所有相关的直接和间接排放，以提高目标的有效性和实际影响。

 小案例

确定目标边界和范围的相关案例

AXZ 是一家全球运营的电子产品制造企业，总部位于德国，拥有在美国、中国和印度的生产设施，以及遍布全球的供应链和分销网络。该公司决定加入科学目标倡议，设定与《巴黎协定》相一致的温室气体减排目标。

AXZ 公司选择使用控制法来确定其组织边界，因为它对所有生产设施拥有完全控制权。这意味着包括总部、所有生产设施和直接运营的分销网络在内的排放都将被包括在目标设定中。

在业务活动方面，AXZ 公司决定将所有业务活动包括在目标范围内，从原材料采购、产品制造到最终产品的运输和分销。

在子公司和合资企业方面，虽然 AXZ 公司在几个国家拥有合资企业，但决定仅将那些对其拥有显著控制权的合资企业包含在目标边界内。

AXZ 确定目标范围包括范围1（直接排放）：包括了来自其生产设施燃烧天然气的直接排放，以及公司车队的直接排放。范围2（间接排放）：包括了由于电力消耗产生的排放，尤其是那些用于生产设施和办公室的电力。范围3（其他间接排放）：鉴于供应链活动（如原材料采购和产品运输）以及产品使用期间的排放占公司总排放的显著部分，公司决定重点关注减少这部分排放。此外，还考虑了员工出差和通勤的排放。

2. 基线排放盘点

在设定科学基准目标的过程中，进行基线排放盘点是一个关键步骤，它为量化减排目标和监测进展提供了起点。基线排放盘点涉及确定一个参考年份（即基线年份）的排放水平，作为比较减排进展的基准。选择基线年份时，应遵循以下原则。

1）数据的可得性和可靠性：首先要确保该年份的排放数据完整、准确且可获取。这意味着企业应能够访问到足够的能源使用数据、运营数据和供应链数据等，以计算该年在目标边界和范围内的温室气体排放量。如果某个年份的数据不完整或不准确，可能会影响到目标的设定和后续的减排进展评估。

2）数据的代表性：基线年份的排放数据应能够反映企业的正常运营状况。避免选择由于经济衰退、重大运营变化或异常天气事件等出现的非典型年份作为基线。对于正在快速增长或发生重大结构变化的企业，选择一个能够反映预期未来业务活动的基线年份尤为重要。

3）符合行业标准和倡议要求：在一些情况下，选择基线年份可能需要符合特定的行业标准或国际倡议的要求。例如，科学目标倡议可能对基线年份的选择有具体的指导原则。考虑到与其他企业或行业基准的比较需要，选择一个常见或标准的基线年份也是有益的。

4）最近的年份：通常推荐选择尽可能最近的年份作为基线，因为这能更好地反映企业当前的运营状态和排放水平。选择较近的基线年份还有助于减少由于运营变化带来的不确定性，使目标更加准确和实现的可能性更高。

5）考虑未来战略：基线年份的选择还应考虑企业的长期战略和预期的业务变化。如果企业计划在不久的将来进行重大的扩张或调整业务模式，这可能会影响到基线年份的选择。

例如，一家制造企业计划在 2022 年设定其科学目标。经过评估，该企业发现 2019 年的排放数据完整、准确，且该年份没有发生重大的业务变化或异常事件，可以很好地代表企业的正常运营水平。因此，该企业选择 2019 年作为其基线年份，以此为基础来设定减排目标并衡量未来的减排进展。

企业在确定基线年份后，即可开始盘点目标边界和范围内的排放。企业可使用《温室气体协议》（GHG Protocol）提供的排放因子将收集到的数据（如能源消耗量）转换成温室气体排放量。这些排放因子根据不同的能源类型和消费方式，将能源使用量转换为等价 CO_2 排放（CO_2e）。将范围 1、范围 2 和范围 3 的排放量分别计算出来后，对这些数据进行汇总，以得到企业基线年份的总温室气体排放量。为确保准确性和可靠性，企业应对收集的数据和计算结果进行内部审核。如果可能，企业还可以寻求第三方机构的验证。

3. 设定目标

在完成排放盘点之后，企业应采取以下一系列步骤来设定其气候目标，确保这些目标符合科学基准，具体包括以下四点：

1）评估排放数据：仔细分析完成的排放盘点结果，识别主要的排放源和活动区域。这将帮助企业确定减排努力应集中的领域。

2）识别减排机会：基于排放盘点，识别潜在的减排机会，包括能源效率提升、使用可再生能源、优化生产过程、改进供应链管理等。

3）参考国际目标和行业基准：参考《巴黎协定》和科学目标倡议等国际协议和倡议，了解全球温室气体减排目标；研究同行业内其他企业的气候目标，了解行业趋势和最佳实践。

4）设定具体目标：首先选择目标类型，基于排放盘点和业务特点，决定是设定绝对减排目标（即减少总排放量）还是强度目标（即相对于生产量或收入的排放减少）；然后考虑时间框架，设定短期（通常为5—10年内）和长期（如2050年实现净零排放）的气候目标。企业还需确保目标的科学性，即确保目标与限制全球气温升高至工业化前水平基础上1.5℃至2℃的科学建议相一致。

4. 制订实施计划

在完成科学基准目标中的设定气候目标之后，企业制订一个详细的实施计划是确保这些目标得以实现的关键步骤。实施计划应详细阐述如何通过具体行动达到既定的减排目标。制订实施计划可以参考的步骤包括以下六点。

1）识别关键行动领域：基于排放盘点和设定的目标，确定需要采取行动的关键领域。这可能包括能源效率提升、采用可再生能源、优化产品设计、改进供应链管理等。

2）制订减排措施：对于每个关键行动领域，制订具体的减排措施。这应包括：技术解决方案，例如，升级设备以提高能效，或投资可再生能源项目；操作和行为改变，例如，改进能源管理系统，或鼓励员工采取节能行动；供应链管理，例如，与供应商合作减少上游的碳排放，或优化物流以减少运输排放。

3）分配资源：确定实施计划所需的资源，包括资金、人力和技术。为每项减排措施分配必要的资源，确保实施计划的可行性。

4）设定时间表：为每项减排措施设定明确的时间表，包括短期行动和长期规划。时间表应反映出实现短期和长期气候目标的紧迫性。

5）沟通和培训：开展内部沟通和培训活动，确保所有相关人员了解实施计划、其角色和责任。鼓励员工参与和支持实施计划。

6）计划调整：准备根据监测结果和外部环境变化对实施计划进行必要的调整。保持灵活性是确保长期成功的关键。

示例：一家制造公司设定了到 2030 年将其范围 1 和范围 2 排放量减少 30% 的科学目标。其实施计划包括以下五点。

1）在所有生产设施中安装太阳能电板，预计 5 年内完成。

2）升级老旧的生产设备以提高能效，计划在 3 年内逐步进行。

3）与主要供应商合作，鼓励他们采用可再生能源并优化物流，以减少范围 3 排放。

4）开展员工节能意识培训项目，鼓励节能创新。

5）每季度监测能源消耗和排放量，评估减排措施的效果，并根据需要调整计划。

5. 提交验证

企业可将科学基准目标提交给第三方机构进行验证。验证需要整理和准备减排目标、基线年份数据、目标边界和范围以及实施计划的详细信息。确保所有信息准确无误，且符合科学基准目标的要求。选择一个认可的验证机构或倡议，并按照其要求提交材料进行评审，常用的权威机构为 SBTi。在验证过程中，需要与验证机构保持密切沟通，提供额外信息或澄清疑问（如有需要）。

6. 报告与监测

内部报告：企业可定期向公司管理层和员工报告目标进展情况，增强内部透明度和参与度。外部报告：企业也可通过年度可持续性报告、公司网站、投资者通信等渠道向外部利益相关者报告减排目标、实施计划和进展。确保报告内容清晰、准确，并符合相关披露标准，如 GRI（全球报告倡议）或 TCFD（气候相关财务信息披露任务组）推荐的披露框架。

企业可建立监测系统来跟踪和度量实施计划的进展，包括关键绩效指标（KPIs）和减排成果。企业也可定期评估实施计划的效果，对比目标和实际进展，识别差距和面临的挑战。根据监测结果，企业可调整或优化实施计划和减排措施，确保能够达成设定的减排目标。

通过遵循以上系统性的科学基准目标设定过程，企业能够确保其气候目标是有科学依据的，进而有助于全球应对气候变化。当然，这也有助于提高企业的可持续性，增强其在市场中的竞争力。

让我们以一家铁钢公司为例，说明如何设定科学基准目标。ABC 公司是一家全球领先的钢铁生产商，拥有多个生产基地和供应链网络。公司意识到气候变化对其业务的潜在影响，因此决定设定科学基准目标以降低其温室气体排放。

首先，ABC 公司将进行范围 1 和范围 2 的排放分析，具体过程包含以下六个步骤。

1）数据收集：收集公司过去几年的直接排放（范围 1）和间接排放（范围 2）的详细数据。这可能包括能源消耗、燃烧化石燃料、电力使用等方面的数据。

2）能源审查：进行能源审查以审视公司的能源使用情况。这涉及对生产过程、设备、机械和其他关键能源使用点的详细评估。识别和记录主要的排放源，包括燃烧煤炭或天然气的设备、高温过程中的能源需求等。

3）分析燃料类型和能源来源：确认和记录使用的燃料类型，包括煤炭、天然气、重油等。对于范围 2 排放，需要明确购买的电力来源，是来自化石燃料还是可再生能源。

4）计算排放因子：根据能源类型和来源，计算每种能源的碳排放因子。这有助于估算燃料和能源使用对温室气体排放的贡献。

5）建立排放清单：建立详细的排放清单，将范围1和范围2排放区分开来。清单应包括每个源头的排放量，并在可能的情况下按燃料类型和使用途径进行分类。

6）关注碳密集型过程：特别关注公司生产过程中的碳密集型环节，如高温冶炼、炼铁和炼钢等。这些环节通常是主要的直接排放源。

通过以上步骤进行能源审查和详细的数据收集，铁钢公司能够全面了解其范围1和范围2排放的来源和规模。

然后，是进行科学基准的选择，科学基准的选择对于确保企业的减排目标与全球气候目标一致至关重要。科学基准选择考虑的主要内容有以下七点。

1）全球气温目标：了解国际上关于全球气温上升控制的目标，特别是《巴黎协定》中规定的目标。这包括将全球平均气温上升控制在2℃以内，并力争将温度增长限制在1.5℃以内。

2）行业特殊性考虑：考虑钢铁行业的特殊性，了解行业内其他公司采用的科学基准和最佳实践。行业差异可能需要在科学基准选择时进行调整。

3）碳预算和剩余量：研究碳预算的概念，即在特定全球气温目标下，全球社会可以排放的总碳量。了解公司的当前排放量，并计算剩余的碳排放量，以确定可用于未来的减排余地。

4）相关专家或机构的建议：咨询气候科学家、气候研究机构或国际气候组织的建议，以获取有关企业应对气候变化的科学依据。这些建议可以涉及温室气体减排的速度和规模。

5）科学共识：确保所选择的科学基准得到广泛的科学共识和国际认可。选择一个被科学界普遍认可的基准有助于提高企业目标的可信度和有效性。

6）时间尺度：确定减排目标的时间尺度，如中期（2030年前）、长期（2050年前）等。时间尺度的选择应符合公司的战略规划和行业发展趋势。

7）审慎调整：如果公司在特殊环境或行业中运营，可能需要审慎调整科学基准，以确保目标既科学合理又具有可操作性。

通过这一环节，ABC公司能够确保所选的科学基准是符合国际气候目标的，并为公司设定实际可行的、有科学依据的减排目标奠定基础。

接下来 ABC 公司需考虑部门性减排路径，该步骤可参考行业最佳实践，了解如何在生产过程中降低碳排放。考虑到钢铁行业的特殊性，寻找可行的技术和工艺创新。之后执行目标分解与路线图的制定任务，目标设定的主要内容是设定中长期减排目标，例如，在未来十年内降低每吨钢产量的温室气体排放。而路线图的制定需考虑更为详细的实施计划，包括采用更清洁的生产技术、提高能源效益、推动循环经济等方面的具体措施。另外，ABC 公司需考虑公开与透明度问题。保证在公司年度报告中公开科学基准目标，明确公司的减排承诺。同时公司要邀请独立的第三方机构对公司的减排数据和目标进行验证，以增加透明度和可信度。最后，ABC 公司开始实施计划中的各项项目，包括技术更新、设备升级等，设立定期的监测和报告机制，以确保公司在实现科学基准目标的过程中保持透明和负责。

通过这个例子，ABC 公司能够通过科学基准目标的设定，全面了解其温室气体排放的来源，并采取有针对性的行动来实现全球气温目标，同时提升了企业的可持续性。

✉ 小案例

科学基准目标示例

以可口可乐公司为例，可口可乐公司在其官方网站上公布了其气候变化目标：基于 2015 年的基线，到 2030 年，绝对排放量减少 25%，长期目标为到 2050 年实现零碳排放。这个科学目标与以往设定的排放目标不同的是，这并非一个相对目标（按业绩减少排放），而是一个绝对目标，即无论可口可乐公司的销售增长如何，都要减少总温室气体排放量的 25%。这种变化符合当前行业的最佳实践。

可口可乐公司制定的排放目标涵盖了公司活动直接或间接产生的总温室气体排放。其官网进一步给出这些排放的定义：

1）范围 1 排放（直接温室气体排放）：公司拥有或控制的来源产生的排放。这包括在建筑物内燃烧化石燃料和车队车辆的燃料消耗。

2）范围 2 排放（间接温室气体排放）：购买能源产生的间接排放。这包括由于可口可乐公司从公用事业提供商购买的电力、热力和蒸汽的产生而产生的排放。

3）范围 3 排放（其他间接温室气体排放）：价值链中的所有其他排放，包括上游和下游。这包括从产品成分的种植和加工，到包装的生产和填埋，以及客户使用公司的冷却设备所产生的排放。

可口可乐公司对温室气体排放的计算与《温室气体协议》的标准（企业排放和企业价值链，范围 3 标准）一致，这是由世界商业理事会可持续发展（WBCSD）和世界资源研究所（WRI）管理的企业温室气体排放的最佳实践标准。而且可口可乐公司有几个流程来确保定期评估与可持续性相关的风险，其中包括气候变化。另外，该公司定期总结最重要的风险，与公司领导层包括董事会进行讨论，气候变化相关财务披露任务组（TCFD）的建议也会影响其决策方法。

第 4 章　企业温室气体排放核算与估算

　　企业温室气体排放核算与估算是衡量和报告一个企业直接和间接排放温室气体总量的过程。这一过程对于企业在管理气候变化风险中发挥着核心作用。企业准确评估自身的排放量，可以使其能够识别排放的主要来源，评价减排策略的成效，并逐渐转向低碳经济。这不仅有助于缓解气候变化的影响，对企业本身也极有益处。例如，通过改进能源效率和优化能源使用，企业能降低运营成本，提升市场竞争力，并获得公众和市场的认可。除了对企业内部的好处，精确的温室气体排放数据对政策制定和公众监管也至关重要。政府可以利用这些数据来制定更为有效的环保政策和规定。同时，透明的排放报告还提高了企业的信誉度，帮助投资者和消费者做出更环保的选择。在环境责任逐渐成为公众关注的核心时，企业的环境表现日益成为其品牌和声誉的重要组成部分。

　　在管理气候变化风险的整体框架中，温室气体排放核算处于中心位置。它不仅是识别和评估气候变化相关风险的起点，也是制定有效应对策略、监测进展和评估成效的关键工具。通过准确的排放核算，企业可以更好地理解自身对气候变化的贡献，采取相应的减缓和适应措施，最终实现向低碳经济的转型，减少气候变化的负面影响，同时把握低碳未来的商业机会。

　　然而，准确地测量温室气体排放是一项具有挑战性的任务。它要求企业运用科学方法和先进技术来追踪和报告其排放数据。这涉及确定排放的范围、选用恰当的测量方法和工具，以及确保数据的准确性和透明度。为了达到这一目标，企业需要在相关技术和员工培训上进行投资，同时与政府、非政府组织以及其他相关方合作，共同推动减排努力。

4.1　温室气体核算标准

本节详细介绍了全球主要的温室气体核算标准，这些标准为组织提供了量化、报告及管理其排放的必要框架。其中，《温室气体协议》（GHG Protocol）是目前全球范围内被广泛采用的标准之一，它不仅涉及企业的直接和间接排放（包括供应链和产品使用等），还强调排放报告的透明性、一致性、准确性、完整性和保守性。《PAS 2050》是全球首个产品碳足迹标准，提供了商品和服务全生命周期内温室气体排放评估的框架，其重点在全生命周期的评估，适用于多种类型的组织和商业模式。ISO 14064 系列标准则专注于温室气体的量化、报告和核查，涵盖组织层面和项目层面的排放以及温室气体声明的审定和核证，提供了一般流程和原则性要求。此外，IPCC 标准虽主要用于国家层面的温室气体清单编制，但其也为企业和其他组织提供了重要的参考和借鉴。最后，中国国内的发改委标准涵盖了从全国到省级的碳排放统计方法，这些标准旨在推动中国碳达峰和碳中和目标的实现，并致力于建立一个统一规范的碳排放统计核算体系。这些标准共同为全球组织在环境保护方面提供了切实有效的工具和指导。

4.1.1　GHG Protocol

《温室气体协议》（Greenhouse Gas Protocol，GHG Protocol）是目前全球最广泛采用的温室气体核算和报告标准。它提供了一套全面的国际框架，帮助企业和政府从各个方面量化和管理温室气体排放。GHG Protocol 由世界商业理事会可持续发展和世界资源研究所于 1998 年共同开发，旨在提高排放核算和报告的标准化和透明度。

GHG Protocol 涵盖了四个核心标准，它们相互独立但又紧密联系。

1）《企业核算与报告标准》：指导企业如何量化和报告直接排放（范围 1）和间接排放（范围 2 和范围 3）。

2）《企业价值链（范围 3）核算和报告标准》：关注企业活动引起的间接排放，如供应链和产品使用，帮助企业量化和报告价值链中的排放。

3）《产品生命周期核算和报告标准》：指导如何评估单个产品从原材料获取、生产到使用、废弃、最终处置整个生命周期的排放量。

4）《项目量化方法》：为具体的减排项目提供温室气体影响的评估方法。

GHG Protocol 将排放分为三个范围：范围 1、范围 2 和范围 3。同时，GHG Protocol 强调以下核心原则。

1）透明性：确保排放报告的透明度，便于利益相关者理解和评估排放数据。

2）一致性：鼓励企业连续使用相同的方法，便于对排放数据进行比较。

3）准确性：确保排放数据足够准确，能够支持减排决策。

4）完整性：包含所有重要的排放源，确保报告的完整性。

5）保守性：在面对不确定性时，选择保守的估算和假设，避免低估排放量。

GHG Protocol 的广泛采用使其成为全球政府和企业报告温室气体排放的事实标准。它不仅帮助组织识别减排机会，还促进了全球对气候变化应对的合作和透明度。许多国家和地区的报告要求、碳定价机制和减排计划都基于或兼容 GHG Protocol 标准。

4.1.2　PAS 2050

《PAS 2050：2008 商品和服务生命周期内的温室气体排放评价规范》标志着全球首个产品碳足迹标准的问世，其主旨在于为产品和服务的全生命周期内温室气体排放的评估提供明确的指导框架。这一标准最初于 2008 年 10 月发布，并于 2011 年进行了修订以丰富其细节性要求和指导原则。《PAS 2050》

旨在帮助组织通过量化产品或服务从生产到废弃的全生命周期（"摇篮至坟墓"）中产生的二氧化碳及其他温室气体排放，以更好地理解并降低其环境影响。这一标准的适用范围广泛，适合多种组织和商业模式，涵盖了企业至企业（B2B）和企业至消费者（B2C）两种评价方法。

《PAS 2050》之所以实用，是因为概念上的明晰和方法上的具体。在数据类型选择方面，该标准简化了过程，直接规定了所需的活动数据和排放因子，而非按照直接测量与间接获取的数据进行分类，这使得用户更容易理解和实施数据收集。在方法方面，该标准为计算产品延迟排放提供了具体的核算公式，显示了其在方法论上的精确度。此外，它还规定了具体的参数和指标，如截断规则和数据收集中的初级数据比例要求，进一步提高了其可操作性和实施性。因此，《PAS 2050》成了一种实用且容易实施的标准，尤其在产品碳足迹核算方面表现出色。

《PAS 2050》的广泛应用不仅限于商业认证（企业）领域，还包括消费者和其他组织，用以评估和管理其碳足迹。对于那些追求可持续发展和承担环境责任的组织来说，这一标准至关重要，因为它提供了一种标准化的方法来量化和减少其环境影响。《PAS 2050》还促进了透明度和责任感，使组织能够向其利益相关者更清晰地报告其碳排放情况。综上所述，《PAS 2050》不仅为组织提供了减少温室气体排放的有效工具，还通过提升公众对产品生命周期碳足迹的认识，推动了社会向更可持续的消费模式的转变。

4.1.3 ISO 14064

ISO 14064 是一套关于温室气体量化、报告和核查的实用标准，其目的在于提高温室气体量化和报告的可靠性和一致性，以及增强报告结果的比较性。ISO 14064 分为三部分，包括《第一部分：组织层面温室气体排放和吸收量化与报告指南》《第二部分：项目层面温室气体排放减少和吸收增量的量化、监测和报告指南》《第三部分：温室气体声明的审定和核证指南》。这三部分分别针对组织层面（包括企业）、项目减排以及核查核证的原则和要求，详细定义了设计、制定、管理、报告和核查某一组织温室气体排放的一般流程和原则性要求。这套指南并未细化到具体行业，因此缺少对特定排放源的详细指导。其确定核算边界的方法和覆盖的核算范围在很大程度上与 WRI 相似，将核算范围划分为直接排放、消耗外部电力和热力产生的能源间接排放，以及其他非能源间接排放。

2021 年 5 月，国际标准化组织计划发布 ISO 19694 系列标准，该系列标准专注于固定源排放，尤其是高能耗行业的温室气体排放量化方法。目前发布的版本是第一部分通用部分，涵盖通用部分。这一标准在核算范围方面虽然将排放分为直接排放、能源间接排放和其他间接排放三个大类，但对排放源进行了更详细的划分，如直接排放下又细分为固定燃烧源、移动燃烧源、工业过程、人为活动干扰导致的逸散排放，以及土地利用、LULUCF 导致的排放等五类。在量化方法方面，ISO 19694 的通用部分规定了两种主要方法，包括碳质量平衡法和连续监测法，其中碳质量平衡法不仅涵盖常规的碳流入流出的质量平衡计算，还包括排放因子法。

4.1.4　IPCC 标准

尽管 IPCC 的核算指南主要针对国家层面的温室气体清单编制，但它们提供的方法学和原则也对企业和其他非国家行为体进行温室气体核算和管理提供了参考和借鉴。特别是在缺乏特定领域详细核算方法的情况下，IPCC 的指南为这些实体提供了科学和系统的核算框架。

《2006 年 IPCC 国家温室气体清单指南》及之后的修订版本（以下简称《IPCC 指南》）是属于国家层面的核算指南，可以针对国家、企业、项目等不同核算对象的温室气体排放量进行核算的标准和编制温室气体清单的指南。邀请了全球 250 名专家供稿，历经多次评审，指南在全球碳计量体系发展中具有极高的权威性、兼容性与参照性，提供了从较少至较多数据的碳计量参考方法，作为通用指南进行广泛传播应用。后期国际上无论是以企业与组织为边界的 GHGP 或是以产品生命周期为边界的 PAS 规范方法，其均是与《IPCC 指南》保持一致性而延伸开发出的更为详细适用场景的碳计量规范/体系。

《IPCC 指南》由五卷组成，清单中涵盖二氧化碳、甲烷、氧化亚氮、氢氟烃、全氟碳等导致温室效应的气体。第一卷是综合指导，给出了温室气体的清单编制的总体步骤，包括从初始数据收集到最终报告的全过程，并为每个步骤所需的质量要求提供了指导意见。第二卷至第五卷对应具体的经济部门，分别为能源、工业过程和产品使用、农业、土地利用变化与林业，以及废弃物管理。这些卷是详细的技术指南，用于各部门的温室气体清单编制。《IPCC 指南》主要面向国家和区域层面的温室气体清单编制工作，其中所采用的排放因子以及活动数据属于国家以及区域层面的数据。目标是为帮助各《联合国气候变化框架公约》的缔约方履行义务，使各国在编制温室气体排放清单时采用透明、可比较的方法，目前已得到国际的广泛认可。

4.1.5 发改委标准

国家发展改革委、国家统计局与生态环境部于 2022 年印发《关于加快建立统一规范的碳排放统计核算体系实施方案》（以下简称《实施方案》），旨在到 2023 年，建立职责清晰、分工明确、衔接顺畅的部门协作机制，稳步开展各行业碳排放统计核算工作，到 2025 年，完善统一规范的碳排放统计核算体系，为碳达峰碳中和工作提供全面、科学、可靠的数据支持。

《实施方案》规定，由国家统计局统一制定全国及省级地区碳排放统计核算方法，明确有关部门和地方对能源活动、工业生产过程、排放因子、电力输入输出等相关基础数据的统计责任，组织开展全国及各省级地区年度碳排放总量核算。由生态环境部、市场监管总局会同行业主管部门组织制修订电力、钢铁、有色、建材、石化、化工、建筑等重点行业碳排放核算方法及相关国家标准，加快建立覆盖全面、算法科学的行业碳排放核算方法体系。由生态环境部会同行业主管部门研究制定重点行业产品的原材料、半成品和成品的碳排放核算方法，优先聚焦电力、钢铁、电解铝、水泥、石灰、平板玻璃、炼油、乙烯、合成氨、电石、甲醇及现代煤化工等行业和产品，逐步扩展至其他行业产品和服务类产品。持续推进国家温室气体清单编制工作，建立常态化管理和定期更新机制。

4.2 温室气体排放的核算方法

在 2009 年的《联合国气候变化框架公约》第 15 次缔约方大会，即哥本哈根气候会议上，中国郑重宣布了一项承诺：到 2020 年，中国单位国内生产总值的二氧化碳排放量将比 2005 年降低 40% 至 45%。为了减轻资源和环境的压力，并履行这一承诺，中国实施了一系列旨在节能减排和控制温室气体排放的举措。

作为控制温室气体排放的市场化策略，碳排放交易制度因其能以较低的成本实现社会范围内的减排而备受推崇。因此，2011 年颁布的《中华人民共和国国民经济和社会发展第十二个五年规划纲要》（简称《"十二五"规划纲要》）提出了建立温室气体统计核算制度和逐步发展碳排放交易市场的构想。2011 年 10 月，中国政府发布《关于开展碳排放权交易试点工作的通知》，批准在北京、天津、上海、重庆、湖北、广东和深圳 7 个省市进行碳排放权交易试点。到 2017 年年底，中国以电力产业为重点，开启了全国碳交易市场，而在 2021 年 7 月，全国碳交易市场正式启动线上交易。为支持全国碳排放交易市场的构建，中国还推出了 24 个行业的企业温室气体核算与报告指南，其中 11 个已转化为国家标准。

自 2016 年起，中国动员了电力、钢铁、水泥、石化和化工等八大行业的企业，要求年度温室气体排放量达到或超过 2.6 万吨二氧化碳当量的企业上报自 2013 年起的排放数据。7 个碳排放权交易试点地区根据各自的需要，也相继发布了地区企业温室气体排放核算方法和报告指南。此外，随着全国碳市场的推进和企业碳监测试点工作的开展，中国还开展了设施层面的碳核算和企业层面的碳监测工作。

企业碳核算是国家和地方温室气体排放和吸收核算体系的重要组成部分，可为国家和地方碳核算提供重要基础数据。开展企业碳核算、建立企业温室体报告制度可有效提升国家和地区碳核算的数据质量。目前，许多国家或地区都从企业温室气体报告系统中获取国家温室气体清单编制所需的排放因子等数据。从有效管控企业碳排放的角度看，碳核算也是必不可少的一项基础性工作。碳排放数据质量是碳交易能否行稳致远的关键因素之一。此外，企业碳核算和报告也是制定其他控制温室气体排政策措施（如碳税、碳排放影响评价、碳排放标准等）的基础。

根据目前国内外的实践，排放源和吸收汇产生的温室气体直接排放或吸收的量化方法分为计算法和监测法两大类。计算法又根据排放源的特点进一步细分为排放因子法和质量平衡法。

4.2.1 排放因子法

排放因子法通常用于物料流转比较简单或者影响因素主要来源于边界之外（如供应商）的排放源核算。它依据不同活动产生的碳排放量的排放系数来计算。这种方法主要考虑的是通过能源消耗、原材料使用等活动直接或间接产生的温室气体排放量，如化石燃料燃烧排放、电力排放等。排放量的计算主要用活动水平乘以对应的排放因子见式（4-1）：

$$C=\sum_{i=1}^{n}(E_i \times F_i) \qquad (4-1)$$

式中，C 表示企业的总碳排放量；n 表示企业内部分析的活动数量；E_i 表示第 i 项活动的能源消耗或原材料使用量；F_i 表示第 i 项活动的碳排放因子，即单位能源消耗或原材料使用所产生的碳排放量。

碳排放因子（F_i）是关键数据，它根据不同的能源类型（如煤、油、天然气）或原材料（如钢铁、水泥）和处理过程有所不同。这些因子通常由政府机构、国际组织或行业标准提供。

例如，假设一个制造企业，在一定时期内的能源消耗和原材料使用情况如下：电力消耗 1000 兆瓦时（MWh），电力的碳排放因子为 0.4 吨 / 兆瓦时；煤炭使用 500 吨，煤炭的碳排放因子为 2.5 吨 CO_2/ 吨；水泥使用 300 吨，水泥的碳排放因子为 0.9 吨 CO_2/ 吨。根据公式，该企业的总碳排放量 =

（1000×0.4+500×2.5+300×0.9）=1920（吨），这意味着，在该时期内，该企业的总碳排放量为1920吨。

排放因子法提供了一种相对直接且易于理解的方式，用于计算企业的总碳排放。通过准确计算和报告碳排放，企业不仅能更好地遵守相关法律法规，还能识别减少排放的机会，提高能源使用效率，最终实现更可持续的发展目标。此外，透明和准确的碳排放数据也有助于企业建立公众信任，并可能为那些致力于减少碳足迹的企业带来经济上的激励措施，如税收优惠或市场优势。

4.2.2　质量平衡法

质量平衡法依据物质守恒原则，适用于处理复杂的含碳物料流动和转化过程，如石化和化工产品生产。它通过追踪原料、产品和废物的碳含量，估算碳排放，特别适合于化工业、制造业等行业。这种方法帮助企业精确计算碳足迹，为减排策略制定提供科学依据。其计算基于物料的流入和流出的碳含量，以确定过程中的碳损失见式（4-2）：

$$C=\left(\sum A_i \times C_i - \sum B_p \times C_p - \sum D_w \times C_w\right) \times \frac{44}{12} \qquad (4-2)$$

式中，C 表示企业的总碳排放量；A_i 表示第 i 种原料的投入量；C_i 表示该原料的碳含量；B_p 是第 p 种产品的产出量；C_p 是该产品的碳含量；D_w 是第 w 种废物的输出量；C_w 是该废物的碳含量；$\frac{44}{12}$ 是将碳的质量转换为 CO_2 的质量的换算系数，其中12是碳的原子质量，44是二氧化碳分子的分子质量。

这个公式的基础是化学中的碳平衡原理，即在一个封闭系统内，碳的总量是守恒的。企业在生产过程中，原料中的碳部分通过化学反应或物理转化，最终以产品、废物或排放的形式存在。通过计算进入系统的碳量（原料含碳量）和离开系统的碳量（产品含碳量和废物含碳量），我们可以估算出以二氧化碳形式释放到大气中的碳量。

让我们以一家制造业企业为例来计算其二氧化碳排放量。假设这家企业主要生产某种金属部件，我们将跟随质量平衡方程来计算其一天内的二氧化碳排放量。

假设：

这家企业使用两种原料，分别是铁（Fe）和碳（C）来制造钢。

铁（Fe）：没有碳含量，故不直接贡献二氧化碳排放。

碳（C）：用作合金元素，重量是 500 公斤。

产品：产出的是钢，假设一天产出 1000 公斤的钢材。

钢中的碳含量约为 2%。

废物：在生产过程中产生的废物主要包括炉渣和废气。

炉渣：重量为 50 公斤，碳含量为 10%。

废气：通过燃烧而产生，假设全部是二氧化碳，这里我们不将其计入废物输出量，因为它已经是排放的形式。

计算：

1）计算原料的总碳投入

由于只有碳（C）有碳含量，我们只考虑碳：

碳的投入量：A_i=500（公斤）

碳的含碳量：C_i= 100%（因为它是纯碳）

总碳投入量：$\sum A_i \times C_i$ = 500 × 100% = 500（公斤）

2）计算产品的总碳含量

钢的产出量：B_p= 1000（公斤）

钢的含碳量：C_p= 2%

总碳含量：$\sum B_p \times C_p$=1000 × 2%=20（公斤）

3）计算废物的总碳含量

炉渣的输出量：D_w= 50（公斤）

炉渣的含碳量：C_w= 10%

总碳含量 =$\sum D_w \times C_w$=50 × 10% = 5（公斤）

4）应用公式计算碳排放量

代入上述数据到质量平衡方程中，得到二氧化碳排放量 C 见式（4-3）：

$$C=（500\times100\%-1000\times2\%-50\times10\%）\times\frac{44}{12} \qquad （4-3）$$

因此，这家企业一天内通过生产 1000 公斤钢材大约产生了 1741.67 公斤的二氧化碳排放量。需要注意的是，这只是一个简化的例子，现实中的计算可能更加复杂，需要考虑多种原料、多个生产步骤、各种不同的废物排放等。此外，为了确保精确性，实际的计算需要详细的实际测量数据。

总结来说，质量平衡法可以帮助企业科学计算其碳排放量，从而更有效地制定减排策略和应对气候变化的挑战。然而，这一方法要求企业必须准确地量化所有原料、产品和废物的投入量和输出量以及它们的碳含量。这些数据可能来源于采购记录、产品规格、废物管理记录以及化学分析结果。通过综合这些数据，企业能够计算其操作的碳足迹，这对于减少温室气体排放、实现可持续发展目标以及符合相关法规要求非常关键。

4.2.3 能量平衡法

能量平衡法是一种基于能量守恒原则来估算温室气体排放的方法。这种方法特别适用于复杂的过程和系统，其中涉及多种能源输入（如燃料、电力）和输出（如机械功、热能、产品）。能量平衡法考虑了系统内所有能量的转换和损失，通过计算能量的输入和输出差异来估算与能源消耗相关的 GHG 排放。

能量平衡法的基本原理是能量既不能创造也不能销毁，只能从一种形式转换为另一种形式，或从一个系统转移到另一个系统。在这个过程中，能源的消耗通常会伴随着 GHG 排放。通过精确计算系统内能量的流动，可以估算出因能源消耗而产生的温室气体总量。

企业在应用能量平衡法时需要明确系统的边界，确定哪些能量流入和流出应被考虑在内。这可能包括原料输入、燃料燃烧、电力消耗、产品和副产品的能量内容，以及系统的热损失。然后，企业要收集有关所有能量输入和输出的详细数据，包括燃料类型和消耗量、电力和热能使用量以及产品的能量含量等。对于每种能源输入，应用适当的能量转换因子将能源消耗量转换为等效能量单位（如焦耳或千瓦时），并使用相应的 GHG 排放因子将能量消耗转换为 GHG 排放量。汇总所有能量输入和输出，确保能量的总输入等于总输出加上系统损失。基于能量消耗和相应的排放因子，计算系统的总 GHG 排放量。

假设一家工厂使用天然气供热和电力驱动机械设备。为了计算其 GHG 排放，工厂首先定义了包括所有生产设施和能源使用活动的系统边界。然后，收集了关于天然气和电力消耗的数据，应用了天然气和电力的能量转换因子以及相应的 GHG 排放因子。通过计算，工厂能够得出由天然气燃烧和电力使用产生的 GHG 排放量，并确保了能量输入与输出之间的平衡，验证了计算过程的准确性。

能量平衡法的优势在于其能够提供一个全面和系统的视角来估算 GHG 排放，特别适用于能源转换效率和能源消耗模式复杂的过程和系统。然而，这种方法需要准确和全面的能源使用数据，以及适当的能量转换和排放因子，可能在数据收集和处理上比较耗时和复杂。

4.2.4　直接测量法

直接测量法涉及直接测量排放源释放的 GHG 量，通常通过使用气体分析仪或其他测量技术完成。这种方法常用于工业过程和废物处理设施，其中温室气体排放可以被直接捕获和测量。一个常见的直接测量法是连续在线监测法（CEMs），是根据测量温室气体排放口或组件连接口的温室气体流量和浓度，再通过监测设备自动计算得出的碳排放量。这是一种用于实时监测和记录排放源排放量的技术。这种系统常用于监测诸如工厂烟囱和其他排放点的气体排放，包括二氧化碳（CO_2）、二氧化硫（SO_2）、氮氧化物（NO_x）等。CEMs 系统通过直接测量排放气体的浓度和流量，实现对企业总碳排放的连续和准确核算。CEMs 系统通常使用以下基本公式来计算二氧化碳排放量见式（4-4）：

$$E=F \times C \times V \times T \times \frac{M_{CO_2}}{M_C} \tag{4-4}$$

式中，E 是碳排放量（通常以公斤或吨表示）；F 是烟气流速（或流量），单位可能是立方米 / 小时；C 是烟气中碳的体积浓度，通常以体积百分比表示；

V 是排放气体的摩尔体积（标准状况下为 22.4 立方米 / 摩尔）；T 是时间，通常以小时计；M_{CO_2} 是碳的摩尔质量（44 克 / 摩尔）；M_C 是碳的摩尔质量（12 克 / 摩尔）。

CEMs 系统通过分析采集的烟气样本来实时监测气体浓度。这些数据随后被用来估算在一定时间内通过排放点排放的碳总量。$F \times C$ 给出了单位时间内通过排放点排放的碳体积。将这个体积乘以摩尔体积可以转换为摩尔数，乘以碳的摩尔质量，然后除以碳的摩尔质量，可以计算出单位时间内排放的碳的质量。最后，乘以时间 T 给出了总的碳排放量。

这种计算方法可以提供非常准确的排放数据，因为它是基于实时监测结果。这对于那些需要遵守严格排放标准的企业至关重要。同时，CEMs 数据可以帮助企业识别排放的热点，优化操作，减少能源消耗和碳排放。下面我们以一个例子做进一步说明：

假设有一家发电厂需要计算其烟囱的二氧化碳排放量。该发电厂安装了 CEMs 系统来监测烟气中的碳排放。

烟气流量 F：10000 立方米 / 小时；

二氧化碳浓度 C：15%（体积比）；

摩尔体积 V：22.4 立方米 / 摩尔（标准状况）；

时间 T：24 小时（一天的监测时长）；

二氧化碳的摩尔质量 M_{CO_2}：44 克 / 摩尔；

碳的摩尔质量 M_C：12 克 / 摩尔。

代入上述数据到公式中，见式（4-5）：

$$E = 10000 \times 0.15 \times 22.4 \times 24 \times \frac{44}{12} \tag{4-5}$$

$E \approx 2951027.2$ 立方米 / 天，因为 1 立方米气体的质量在标准状况下大约为 1.98 克（CO_2 的密度约为 1.98 克 / 立方米），因此：$E_{质量} \approx 2951027.2 \times 1.98$。最后，$E_{质量} \approx 5.84$ 吨 / 天。所以，这家发电厂的烟囱在一天内大约排放了 5.84 吨二氧化碳。

CEMs 系统的实施对于实现碳排放监测和控制至关重要。它们不仅帮助企业遵守法规，而且通过优化操作减少排放，提高能效，还可以帮助企业在碳交易市场上取得优势。随着全球对减少温室气体排放的重视，CEMs 系统在环境保护和企业可持续发展中发挥着越来越重要的作用。

在计算企业的碳排放时，排放因子法、质量平衡法和 CEMs 法各自有其独特的应用场景和相应的优劣势，这些方法对环境审计和遵守法规具有重要的意义。

排放因子法以其操作简便和广泛的适用性而受到许多企业的青睐。该方法利用标准化的排放因子，这些因子是基于大量数据和科学研究得出的平均值，可以快速估算不同活动产生的二氧化碳排放量。尤其是对于资源和技术有限的中小型企业来说，排放因子法提供了一种经济有效的方式来评估其碳足迹。然而，这种方法的缺点在于其准确性受限于排放因子的普适性，可能无法准确反映特定工艺或操作条件下的实际排放。此外，这种方法依赖于定期更新的排放因子数据库，以反映技术进步和操作效率的改进，而这样的更新可能并不总是可行的。

相比之下，质量平衡法提供了一种更为精确的排放计算方式，它基于原料投入和产品输出的实际测量来确定排放量。这种方法尤其适用于生产过程中原料和产出物种类较少、流程相对简单的企业。例如，化工企业可以通过测量原料中的碳含量和产品及废弃物中的碳含量来计算总的碳排放。质量平衡法能够提供对特定工艺环境下碳排放的深入洞察，但其挑战在于需要精确的数据收集和分析，这对于企业来说可能意味着较高的成本和技术要求。对于拥有多样化产品和复杂生产流程的企业，实施质量平衡法可能变得更为复杂。

CEMs 法则代表了高端技术的应用，通过在排放点安装监测设备，能够提供连续、实时的排放数据。这种方法的优势在于其数据的即时性和高准确度，特别是对于需要严格遵守环保法规和排放标准的大型工业企业来说，CEMs 法是评估和管理排放的黄金标准。然而，连续排放监测系统的安装和维护需要显著的资本投入和运营成本，同时也要求操作人员具备一定的专业知识。因此，CEMs 法更适合于排放量大、对排放监控要求高的企业，如石化、电力和大型制造企业。

总体来说，选择哪种方法取决于企业的具体需求、技术能力、资金预算和法规要求。对于中小型企业，排放因子法提供了一个成本效益高的解决方案；而对于大型企业或那些追求高准确性的场景，质量平衡法和 CEMs 法则能提供更为精确和实时的数据支持。每种方法都有其不可替代的应用价值和适用场景，而在实际应用中，企业可能会结合使用这些方法，以达到最佳的碳排放评估效果。

4.2.5　生命周期评估法

生命周期评估（Life Cycle Assessment，LCA）是一种系统化的方法，用于评估产品、服务或活动从"摇篮到坟墓"全生命周期过程中对环境的影响。在气候变化领域，LCA 常常用来评估碳足迹。相比碳排放，碳足迹（Carbon Footprint）是一个更广泛的概念，通常包括一个组织、产品、服务或者活动，在其整个生命周期内，从原材料开采、生产制造、运输配送、使用到最终废弃处理的所有温室气体排放。

一些近年新推出的法规涉及 LCA 与碳足迹，包括欧盟的碳边境调节机制 CBAM 和欧盟电池法案（EU Battery Regulation）。欧盟的 CBAM 从 2023 年开始逐步实施，适用于从欧盟以外国家进口至欧盟的高碳排放的商品，如钢铁、水泥、化肥、铝等。这些商品在进入欧盟市场时，需要支付相应的碳排放费用，以弥补其生产过程中产生的碳排放成本。这里的关键问题是，如何确定进口商品的碳排放？CBAM 使用了嵌入排放（Embedded Emissions）的概念。嵌入排放力求评估如果进口商品改为欧盟境内生产制造，会产生哪些由碳排放交易系统 EU ETS 涵盖的排放。嵌入排放类似于碳足迹，包括了商品在其生产、运输和使用过程中产生的直接和间接排放。例如，如将钢铁进口至欧盟境内，嵌入排放包括了钢铁厂生产钢铁时产生的排放、由生产过程中所消耗的电力或其他投入品所产生的排放、钢铁生产过程中使用的铁矿石在开采加工时产生的排放。另一方面，应注意到，不同于碳足迹的原始定义，嵌入排放不涵盖商品废弃处理过程中的排放，这是因为 EU ETS 不涵盖废弃处理流程。

欧盟电池法案强制要求电池制造商进行碳足迹声明。制造商需要针对每个制造工厂生产的每个电池型号，报告电池的碳足迹。为确保碳足迹评估的一致性，电池法案规定了电池碳足迹计算方法：

1）电池能量存储的功能单位：计算电池碳足迹的功能单位为电池系统在其使用寿命内提供的总能量每千瓦时（kWh）。

2）电池生命周期评估的系统边界：电池生命周期碳足迹评估将涵盖电池原材料开采、获取和加工，电池制造和组装，电池分销过程，电池的回收和报废处理。使用阶段明确排除在外（制造商无法直接控制电池的使用过程）。

3）使用主要数据和生命周期清单数据集：电池制造商需要使用公司特定的数据和流程，涵盖所有电池制造过程，包括活性材料、阴极、阳极、电解质和电池的生产。还需要基于在各个生产工厂中制造的具体电池型号的公司特定数据，进行外壳、冷却系统、模块和电池组装的数据。

4）计算需要采用欧盟机构 Joint Research Centre 推荐的特定 LCA 方法。

LCA 是计算包括碳足迹在内的生命周期环境足迹的标准方法。LCA 又可划分为 Process-based LCA 和 Input-output LCA。其中 Process-based LCA 基于产品的具体生产过程，逐步分析每个环节的资源使用和排放，可以深入分析生产过程中的每个步骤和具体的环境影响，适用于针对具体产品的评估，可提供高精度的环境影响数据。企业进行 LCA 分析，往往需要强有力的数据库和软件支持，最常用的数据库包括 Ecoinvent、GaBi、ELCD 等，而软件则有 Simapro 和开源的 OpenLCA 等。这些数据库和软件通常由欧洲的组织机构开发和维护。

采用 LCA 来核算企业碳排放涉及以下几个关键步骤。

第一，定义目标和范围：确定评估的目的，比如评估特定产品的碳足迹，或企业整体运营的碳排放。范围界定：明确评估的范围，包括哪些生命周期阶段（原材料获取、生产、运输、使用、废弃处理等），哪些环境影响（主要关注温室气体排放），以及时间和地理范围。

第二，清单分析（Inventory Analysis）：收集涉及产品生命周期各阶段的输入和输出数据，如原材料消耗、能源使用、废物产生等。计算排放：基于收集的数据，使用相应的排放因子（如燃料燃烧的 CO_2 排放因子）计算每个阶段的温室气体排放量。

综合分析评估结果：识别碳排放的主要来源和环节，评估不同生命周期阶段或活动对总碳足迹的贡献度。

提出改进措施：基于结果，提出减少碳排放的策略，如优化生产过程、选择低碳原材料、改进产品设计等。

透明度和一致性：确保数据收集和计算方法的透明度，遵循国际标准（如 ISO 14040 和 ISO 14044）以保证评估的一致性和可比较性。

例如，核算一件夹克的碳足迹需要通过 LCA 考虑其从原材料生产到最终处置的全过程。请注意，实际的碳足迹计算会依赖于具体的数据和方法，这里的数值和过程仅为示例。

1）定义目标和范围。

目标：评估一件夹克在其生命周期内产生的总碳排放。

范围：包括原材料获取、生产、运输、使用和废弃阶段。

2）清单分析。

原材料获取与制备：假设，使用 1.5 公斤棉花和 0.5 公斤聚酯纤维。

棉花碳足迹：2.5 公斤 CO_2e/ 公斤棉。

聚酯碳足迹：5 公斤 CO_2e/ 公斤聚酯。

总计：（1.5 公斤棉 × 2.5 公斤 CO_2e）+（0.5 公斤聚酯 × 5 公斤 CO_2e）= 6.25 公斤 CO_2e。

生产：假设每件生产过程产生 2 公斤 CO_2e。

运输：假设从生产地到销售点的运输产生 0.5 公斤 CO_2e。

使用：假设在夹克的使用寿命中，由于洗涤产生的碳足迹为 5 公斤 CO_2e。

废弃：假设最终处置产生 1 公斤 CO_2e 的碳排放。

总碳足迹：6.25 公斤 CO_2e（原材料）+2 公斤 CO_2e（生产）+0.5 公斤

CO_2e（运输）+ 5 公斤 CO_2e（使用）+ 1 公斤 CO_2e（废弃）= 14.75 公斤 CO_2e。

这个例子显示，一件夹克在其生命周期内产生了大约 14.75 公斤的二氧化碳当量排放。最大的碳排放来源是原材料获取和使用阶段，特别是棉花的生产和产品的洗涤过程。

4.3　温室气体排放的估算方法

在前文中，我们探讨了企业碳核算的计算方法，尽管排放因子法、质量平衡法、能量平衡法、直接测量法、生命周期评估法各有其科学性和准确性，它们却同样伴随着昂贵的成本和繁重的数据收集工作。这一系列方法要求企业投入大量的财力、物力和人力，进行复杂的数据搜集和分析。特别是对于那些规模较大、业务遍布全球的企业来说，其碳排放的计算和核算工作更是充满了挑战。进一步的挑战来自于企业对于碳排放信息的披露态度。许多公司并未公开其碳排放数据，原因可能包括成本考虑和对公众形象的担忧，以及对商业敏感信息可能被竞争对手利用的顾虑。碳排放的披露不仅需要企业收集能源消耗、物流运输、原材料使用等庞大而复杂的信息，还要求这些信息能跨部门、跨企业融会贯通，形成一个统一的、可信的数据集。这无疑是一个艰巨的任务，尤其是当企业需要遵循各种不同的披露指南和标准时，复杂度更是成倍增加。

在这样的背景下，一些企业出于成本考虑，选择保守其碳排放数据，不愿意承担公开披露的经济和社会成本。特别是那些属于重污染行业的企业，它们可能更倾向于保持沉默，以避免因碳排放问题而遭受公众批评或面临潜在的竞争劣势。这种保密的做法不仅影响了碳排放数据的透明度和准确性，也为那些致力于减少碳足迹和促进环境可持续发展的努力增添了障碍。

面对这些难题，科研人员和环保组织开始寻找替代途径来估算企业的碳排放。其中一条途径是利用企业的其他公开数据，如财务报告、公司性质、市场表现等，来间接估算企业的碳排放。这种方法的优势在于，相比于直接的碳排放数据，这些信息更容易获取。基于此，研究人员开始探索如何利用这些可获得的数据，建立预估模型来估算企业的碳排放量。预估模型可以采用传统的线性回归方法，也可以使用更复杂的机器学习方法。

传统的机器学习方法已经在许多领域证明了其有效性，包括但不限于预测、分类和数据挖掘。这些方法依赖于大量的历史数据来训练模型，通过发现数据之间的关系和模式来预测或估算未知的结果。然而，当面对复杂的、非线性的、高维度的数据时，传统的机器学习方法可能遇到性能瓶颈。深度学习，尤其是神经网络技术的进步，为处理复杂数据提供了更为强大的工具。通过构建多层的网络结构，深度学习能够捕捉数据之间更深层次的关联和模式，从而提高预测的准确性和效率。

随着人工智能（AI）技术的不断发展和完善，结合传统机器学习和深度学习方法估算企业碳排放的研究正在逐渐成熟。这些方法不仅能够为企业提供更为经济、高效的碳排放估算手段，也为政府监管部门、环保组织和投资者提供了新的视角，帮助其更好地理解和评估企业的环境影响。尽管这一领域仍面临许多挑战，比如如何提高模型的准确性、如何处理数据的不完整性等，但毫无疑问，利用机器学习和 AI 技术估算企业碳排放正在成为推动企业可持续发展的重要工具之一。

在面对企业碳排放估算的挑战时，传统的机器学习方法提供了一套有效的工具和技术，它们能够处理复杂的数据集，发现数据之间的关联和模式，从而预测企业的碳排放量。这些方法包括线性回归、决策树、支持向量机（SVM）和随机森林等，每种方法都有其独特的优势和适用场景。

线性回归是最基本的预测工具，它假设因变量和一个或多个自变量之间存在线性关系。在碳排放估算中，线性回归可以帮助研究者评估各种因素（如能源消耗、生产活动）对企业碳排放量的影响。Goldhammer 等（2017）使用回归分析从外部角度估算企业碳足迹（CCF）。该研究收集了来自化学、建筑和工程以及工业机械领域 93 家欧洲公司的数据，以使用公开的公司数据评估实际公司内部计算的 CCF 的可预测性。用于预测企业碳排放的方法包括从 CDP、企业可持续发展报告和汤森路透 Asset4 数据库等各种来源收集数据。

然后使用数据进行回归分析，其中基本模型考虑了五个预测因素对二氧化碳排放的影响。这些预测因素包括企业规模、垂直一体化水平（LVI）、资本密集度（CI）、生产集中度（CP）以及国家能源结构的碳强度。这些变量的操作化经过仔细评估，以提高回归模型的解释力。该研究建立的模型见式（4-6）：

$$\ln CCF_i = \ln c + \beta_1 \times \ln S_i + \beta_2 \times LVI_i + \beta_3 \times \ln CI_i + \beta_4 \times \ln CP_i + \beta_5 \times \ln EI_i + \varepsilon_i \quad （4-6）$$

式中，公司碳足迹 CCF_i 为公司 i 在时间 t 的碳足迹，以 CO_2 当量（$t\ CO_2-eq$）来衡量；c 为一个常数；S_i 为公司 i 的规模，可以是千欧元（k€）或员工数；LVI_i 为公司 i 的垂直整合程度；CI_i 为公司 i 的资本密集度；CP_i 为公司 i 的生产中心性；EI_i 为公司 i 使用的能源组合的排放强度，以克二氧化碳每千瓦时（$g\ CO_2/kWh$）来衡量；$\beta_1 \cdots \beta_5$ 为预测变量相关的弹性系数；ε_i 为公司 i 的估计误差。

在经济学和计量经济学中，这类模型广泛用于预测和解释变量之间的关系，以及为政策制定提供依据。模型的参数通过最小二乘法等统计方法来估计，这些参数（弹性系数 β）可以解释为自变量的小的变动对因变量变动的百分比影响。

决策树是另一种常用的机器学习方法，它通过构建决策规则的树状结构，来进行分类或回归预测。其优点在于模型的直观性和解释性，使得非技术背景的人员也能理解模型的决策过程。支持向量机是一种强大的分类和回归分析工具，它通过寻找最优的决策边界来最大化正负样本之间的间隔，适用于处理高维数据。而随机森林则是一种集成学习方法，通过构建多个决策树并进行投票或平均，以提高预测的准确性和鲁棒性。这些传统机器学习方法因其相对较低的计算复杂度和良好的解释性，成了企业碳排放估算研究中的重要工具。Nguyen 等（2021）采用了机器学习方法来进行企业碳排放的估算，应用了元弹性网络（Meta-Elastic Net）学习器来组合多个基础学习器，并对比了多个线性回归和决策树模型。该研究使用到的变量包括：

1）公司规模指标：年收入、员工人数、总资产、净物业、厂房及设备、无形资产等。

2）业务模式指标：毛利率。

3）技术进步指标：资本支出、资产年龄、资本密集度、财务杠杆等。

4）能源数据：括能源消耗和生产数据。

5）环境因素：公司总部所在国家的碳定价措施和收入水平。

6）行业分类信息：以捕获不同行业之间的排放差异。

该研究的核心是一个两步框架，结合了多个基础学习器（base-learners）的预测，并使用 Meta-Elastic Net 作为元学习器（meta-learner）来最终聚合预测结果。以下是该模型的数学表示。

对于每个基础学习器 1 如 OLS、Elastic Net、神经网络（NN）、K 最近邻（KNN）、随机森林（RF）、极端梯度提升（XGB）等，它们各自提供了对目标变量，如企业的总排放、范围 1 排放、范围 2 排放的预测 $\hat{y}_1$。假设我们有 L 个这样的基础学习器。

第一步，每个基础学习器 1 根据输入的预测变量如公司的规模、商业模式、技术进步指标、环境因素等生成预测结果 $\hat{y}_1$，见（4-7）：

$$\hat{y}_1 = f_1(X) \tag{4-7}$$

式中，f_1 表示第 1 个学习器的学习函数；X 表示输入的预测变量集。

第二步，使用 Meta-Elastic Net 元学习器来整合所有基础学习器的预测结果。元学习器的目标是找到一个组合函数 F，它通过优化一个目标函数来学习如何最好地结合每个基础学习器的预测，以产生最终的预测结果 $\hat{y}_1$，见式（4-8）：

$$\hat{y}_1 = F(\hat{y}_1, \hat{y}_2, ..., \hat{y}_L) \tag{4-8}$$

Meta-Elastic Net 元学习器采用的是 Elastic Net 回归，它通过在目标函数中添加惩罚项来同时实现参数的缩减（LASSO）和平滑（Ridge 回归），以防止过拟合并提高模型的泛化能力。见式（4-9），它解决以下优化问题：

$$F = \mathrm{argmin}_\beta \left\{ \frac{1}{2N} \sum_{i=1}^{N} \left(y_i - \beta_0 - \sum_{l=1}^{L} \beta_1 \hat{y}_{1,i} \right)^2 + \lambda_1 \sum_{l=1}^{L} |\beta_1| + \lambda_2 \sum_{l=1}^{L} \beta_1^2 \right\} \tag{4-9}$$

式中，N 是样本数量；y_i 是第 i 个样本的真实目标值；β_0 是截距项，表示当所有基础学习器的预测结果均为零时，目标变量的基础预测值；β_1 是对应于第一个学习器预测结果的系数，λ_1 和 λ_2 分别是 LASSO 和 Ridge 回归的正则化参数。

通过这种方式，Meta-Elastic Net 元学习器能够有效地整合多个基础学习器的预测能力，通过了多种稳健性测试来验证模型的性能。这为使用机器学习方法来预测企业碳足迹提供了一个新的视角和工具。该研究主要是针对企业范围 1 和范围 2 的碳排放量进行估算，Serafeim 和 VelezCaicedo（2022）将这些机器学习方法同样运用到企业范围 3 的碳排放估算。范围 3 碳排放通常发生在企业的供应链中，包括产品的后期处理使用和产品生命周期结束时的处理等。该研究通过训练机器学习算法——特别是使用自适应增强（Adaptive Boosting，AdaBoost）机器学习算法——对 15 种报告的范围 3 排放类型进行预测，其准确度高于线性回归模型和其他监督式机器学习算法。该研究运用到的变量包括以下五点。

1）名义变量：包括企业的子行业分类和注册国家。

2）库存变量：如资产总额（Total Assets）、净产值和设备（Net Output Value, Plant, and Equipment）等，这些变量主要反映了企业的资源存量。

3）流动变量：如销售额（Sales）、销售成本（Cost of Goods Sold）、管理费用（Selling, General & Administrative Expenses）等，主要反映了企业资源的流动情况。

4）比率变量：如销售回报率（Return on Sales）、资产周转率（Asset Turnover）等，这些变量代表了企业运营效率的不同方面。

5）排放量指标：包括范围 1 和范围 2 的排放数据，这些数据直接反映了企业的直接和间接碳排放量。

通过这些变量，该研究构建的机器学习模型能够较为准确地预测不同企业的范围 3 碳排放，为缺乏直接测量资源的企业提供了一种估计其供应链碳排放的低成本和高效率的解决方案。这种方法也为投资者提供了一种工具，以评估企业的范围 3 排放，进而更全面地理解其气候变化相关的财务风险。

这些研究案例表明，传统的机器学习方法在企业碳排放估算领域具有广泛的应用潜力。它们不仅可以帮助研究人员和政策制定者更好地理解企业碳排放的影响因素，而且能够为企业制定更有效的碳减排策略和行动计划提供科学依据。尽管这些方法有其局限性，如在处理非常大规模或高度复杂的数据时可能面临挑战，但它们在许多情况下仍然是进行企业碳排放估算的有效工具。

随着计算技术的飞速发展和数据科学领域的不断进步，深度学习作为一种先进的机器学习技术，已经开始在企业碳排放估算的研究中展现出强大的潜力和优势。相比于传统的机器学习方法，深度学习能够通过构建复杂的网络结构来处理和分析大规模、高维度的数据集。这使得深度学习在捕捉数据之间复杂关系和模式方面表现得更为出色，尤其是在处理非线性、时间序列和图像数据等复杂数据类型时，深度学习方法能够提供更加精确和深入的分析。因此，当传统机器学习方法在面对极其复杂或大规模数据集遇到性能瓶颈时，深度学习方法便成了研究者探索和估算企业碳排放的新途径。

深度学习是一种基于人工神经网络的学习方法，通过模拟人脑的工作原理来处理数据。它包括多种网络结构，如卷积神经网络（CNN）、循环神经网络（RNN）、长短期记忆网络（LSTM）和生成对抗网络（GAN）等。这些网络能够自动从数据中提取高级特征和模式，无须人为设定特征提取规则，这大大增强了模型处理复杂数据的能力。例如，Liu 等（2020）提出了一个基于负荷识别的实时企业碳排放估算框架。为了准确估算企业的碳排放，其使用了"卷积神经网络—双向长短期记忆网络"（CNN-BLSTM）模型来实时监测工厂设备状态，并根据设备状态和相关的碳排放强度估算直接碳排放。同时，其通过将工厂的电力消耗量与边际碳排放因子相乘，来获得间接碳排放。这个框架将总碳排放分为直接碳排放和间接碳排放两部分。

通过深度学习，研究人员能够更好地理解和分析企业碳排放的动态变化，为企业制定减排策略和政府制定环境政策提供了有力的数据支持。尽管深度学习在企业碳排放估算中的应用还处于初步阶段，但其潜力巨大，未来有望在环境保护和可持续发展领域发挥更加重要的作用。

4.4 发展趋势展望

在面对全球气候变化的严峻挑战时，企业温室气体核算和估算的准确性和透明度变得至关重要。随着国际社会对减排目标的共识加深，企业在全球碳减排努力中扮演着日益重要的角色。然而，从数据收集到碳排放估算，再到公众披露，每一个环节都面临着一系列的问题和挑战，需要通过多方面的改进和完善来加以解决。

未来，数据搜集的难度和成本是企业碳核算过程中面临的主要挑战之一。精确的碳核算依赖于全面和准确的数据收集，包括能源消耗、物流活动、原材料使用等各方面的信息。目前，许多企业在数据搜集方面仍然面临着资源不足、技术落后和缺乏有效管理系统的问题。为了解决这些问题，企业需要投资于更先进的数据搜集和管理技术，比如物联网（IoT）技术和区块链，以实现更高效、自动化的数据收集和验证过程。同时，政府和国际组织应该制定更明确的指导方针和标准，帮助企业建立一致的数据收集和报告流程。

然而，缺乏统一的碳核算标准和方法是另一个重要问题。目前，不同国家和地区，乃至不同行业之间，存在着多种碳核算标准和方法，这大大增加了企业碳排放数据的比较难度，也降低了数据的可信度和透明度。为此，国际合作在统一碳核算标准和方法的制定上发挥着关键作用。通过国际组织协调，制定一套全球认可的碳核算标准和方法，这不仅可以减少企业的合规成本，也有助于提高全球碳排放数据的一致性和可比性。

技术创新是解决现有问题和挑战的关键。随着人工智能、机器学习和深度学习技术的发展，这些先进技术已经开始被应用于碳排放估算中，展现出处理大规模、高维度数据集的强大能力。利用这些技术，企业可以更准确地识别和预测碳排放模式，从而制定更有效的减排策略。然而，技术创新也需要相应的人才、资金和政策支持。因此，政府应提供资金支持和税收优惠，鼓励企业和研究机构在碳核算和减排技术上进行研发和创新。

此外，政策支持对于推动企业碳核算和减排工作的进展至关重要。政府应通过制定清晰的减排目标、提供财政激励和制定强制性报告要求等措施，鼓励企业积极参与碳减排工作。同时，人们通过国际合作，制定和执行全球统一的碳排放报告和核算标准，可以为企业提供一个公平竞争的平台，同时提高全球碳排放数据的准确性和透明度。

最后，提升公众意识是推动企业碳核算和碳减排努力的另一个关键因素。公众对企业碳排放的关注和压力可以促使企业更加重视自身的碳足迹，采取积极措施进行减排。教育和宣传可以提高公众对气候变化和碳减排重要性的认识，可以形成对企业的正向激励，推动社会整体向更可持续的发展方向前进。

企业碳核算和碳排放估算面临着从数据搜集到国际合作等多方面的问题和挑战。通过技术创新、政策支持和提升公众意识等多方面的努力，我们可以逐步改进和完善碳核算和估算过程，为实现全球碳减排目标做出贡献。在全球气候变化的大背景下，政府、企业和社会各界需要共同努力，采取有效措施，共同应对这一全球性挑战。

第5章 企业气候变化信息披露与评价

　　企业气候变化信息披露对于推动碳中和实现有重要意义，也是当前世界主要经济体制定政策法规的重点关注领域。针对企业气候变化信息披露，世界主要经济体已出台或正在制定的政策法规呈现四方面态势：第一，从自愿披露向强制披露转变；第二，在所有 ESG 议题中，对于气候变化相关信息的强制披露有最大共识；第三，在政策法规中设置更加全面和细致的要求，提高披露信息的完备性与准确性；第四，扩大披露企业的范围。此外，气候变化相关财务信息披露任务组（TCFD）制定的 TCFD 披露框架得到广泛应用，美国、英国、加拿大等国的监管机构在制定气候信息披露法规时，都明确采用 TCFD 披露框架；欧盟的披露法规与 TCFD 大体一致，但细节上有区别。TCFD 是气候披露方面最具影响力的标准。

　　2020 年以来，中国双碳战略的深入实施使得中国 ESG 呈现出加速发展的态势，也推进了中国上市公司 ESG 信息披露制度的完善。例如，专门出台了关于企业环境信息强制性披露的准则以及要求企业在信息披露中增加气候变化风险内容等。香港证监会于 2021 年 6 月 29 日发布了最新版 ESG 基金披露要求，要求 ESG 基金对其考量因素的内容和定期评估结果做出披露，同时为以气候相关因素为重点的 ESG 基金提供额外指引。

　　2021 年 11 月，香港联交所正式发布《气候信息披露指引》，旨在为促进上市公司遵守 TCFD 的建议提供实用指引，并按照相关建议做出汇报。该指引拟于 2025 年或之前强制实施，在原有 TCFD 披露框架的基础上，将气候变化风险管理进一步细化为八个步骤，分别是制定管治架构—制定气候情景—识别气候相关风险并对其进行排序—将业务与重大风险对应—选定参数、指标与目标—制订气候行动计划—财务影响评估—将气候相关影响纳入业务策略；强调企业应采用情景分析方法进行气候风险分析，"考虑未来一系列可能出现的状况，有效地识别及评估气候相关风险对业务表现的潜在影响"。

企业气候变化评价主要是市场行为，进行评价的主要机构是明晟（MSCI）、晨星（Morningstar）、标普等金融服务公司。这些公司往往将气候变化评价视为 ESG 评价的组成部分。评价方法与 ESG 评价类似，即构建指标体系，收集相关数据，按层级对数据进行归类、打分和加总，从而生成最终评分或评级。根据评分评级，可构建金融产品，如各种指数、主题 ETF 等。

企业气候变化信息披露与评价也对企业有重要意义。有研究发现，环境信息披露、环境绩效和企业业绩表现之间存在显著的正相关关系，环境信息披露可以提高企业市场价值和盈利能力（Ostrom，2009；Sulaiman 等，2004）。企业通过披露更加全面和质量更高的环境信息，可以降低与外部投资者、政府监管机构的信息不对称，进而缓解融资约束，保证企业规模和价值的稳定提升（Norhasimah，2016；Silke 等，2002）。

中国企业也开始通过 ESG 相关报告发布碳排放和碳中和信息。首先，对于 ESG 和碳中和的关注逐年上升，统计表明，2021 年有 26.92% 的企业发布了独立的 ESG 相关报告（含社会责任报告、可持续发展报告）；发布 ESG 相关报告的企业里，有 31.15% 的企业在报告里披露了碳中和相关信息，这一比例依然较低。其次，就中国企业采用的披露标准而言，最常用的是国际报告倡议组织 GRI 标准；专注于气候变化的 TCFD 标准使用较少，2021 年仅有 5 家企业参考了 TCFD 标准。最后，在内容方面，中国企业对于碳中和信息披露率最高的指标是能源使用；对于碳排放提及较多，但是仅限于泛泛描述，缺乏数据和细节。

5.1 企业气候变化信息的披露标准

如图 5-1 所示，本小节根据企业气候变化信息披露标准制定机构的性质分类，分别从非营利性机构、政府和监管部门以及交易所三方面进行阐述。其中，非营利性机构包括气候披露准则委员会、气候变化相关财务信息披露任务组、碳排放信息披露项目和国际可持续发展准则理事会。政府和监管部门包

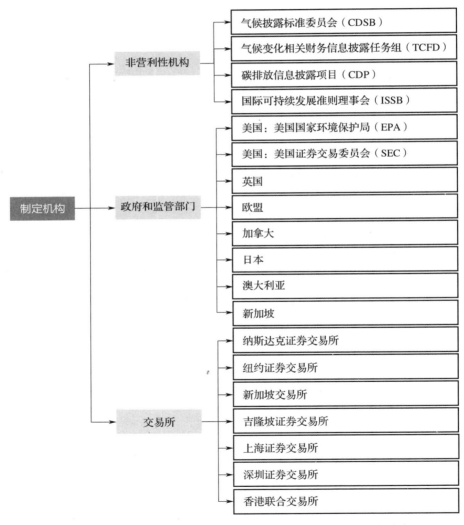

图 5-1 根据制定机构性质对企业气候变化信息披露标准进行分类

括美国国家环境保护局公布的温室气体申报计划、美国证券交易委员会发布的《上市公司气候数据披露标准草案》以及英国 2022 年发布的《公司战略报告（气候相关财务披露）条例》等气候变化信息披露标准。交易所部分选取纳斯达克证券交易所、纽约证券交易所、新加坡交易所和香港联合交易所等为例来进行阐述。

5.1.1 非营利性机构

1. 气候披露标准委员会

气候披露标准委员会（Climate Disclosure Standards Board，CDSB）于 2007 年成立，是主要关注环境和气候变化信息披露的国际性非政府组织联盟。2022 年 1 月 31 日，为支持国际可持续发展准则理事会进一步发展，CDSB 与价值报告基金会（Value Reporting Foundation，VRF）合并。

2010 年，CDSB 发布了首份《气候变化披露框架》，并在 2013 年将披露框架覆盖的范围由气候变化和温室气体排放拓展到环境信息和自然资本，以强调自然资本与财务资本同等重要。该披露框架致力于为信息获取者提供与气候变化有关的资源配置信息，推动企业向低碳经济过渡。比如，将气候风险分解为物理风险与转型风险，并阐述其对企业的重要性。此外，其应用指南提出企业在披露环境和气候变化信息时应符合以下七个原则：相关性和重要性、如实披露、与主流报告相关联、一致性和可比性、清晰性和可理解性、可验证性、前瞻性 ⊖。CDSB 的框架试图将环境和气候变化信息整合到主流报告中，以向公众解释环境问题影响业绩的原因，并协助展示企业如何应对相关风险和机遇。总体来说，CDSB 气候相关披露框架的原则性比较强，特别是可验证性原则和报告鉴定流程强化企业信息披露规范。但该披露框架的可操作性不高，主要体现在缺乏定性和定量相结合的指标体系。CDSB 气候相关披露框架的具体内容如图 5-2 所示。

⊖ CDSB. CDSB Framework for reporting environmental & social information［R］. 2022.

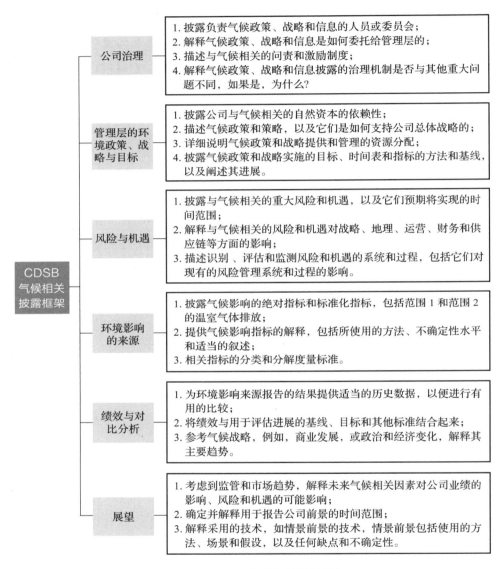

图 5-2　CDSB 气候相关披露框架

资料来源：CDSB 官网。

2. 气候变化相关财务信息披露任务组

气候变化相关财务信息披露任务组（Task Force on Climate-related Financial Disclosures，TCFD）是由金融稳定理事会于 2015 年年底成立的，并于 2017

年发布了首个正式文件。该文件为《气候变化相关财务信息披露指南》，此后每年都会发布 TCFD 披露指南相关工作的进展报告。

TCFD 着重于了解气候变化对业务的潜在财务影响，提出了一个具有前瞻性的、基于风险和以过程为导向的模型，要求企业评估和披露与气候相关的风险（Carney，2017）。相关风险不仅是指恶劣气候环境带来的消极影响，还包括积极应对气候变化带来的潜在机遇。消极影响：一方面是指极端天气频发、气温和海平面上升等所造成的实质性损害，另一方面是指企业过渡转型到低碳经济环境中，生存与发展需要相适应的相关政策和法律、技术、市场和声誉风险。潜在机遇是指企业评估资源效率、能源转换时，创新改进产品与服务过程中发现新的价值增值空间。

如图 5-3 所示，TCFD 披露的总体框架以公司治理、经营战略、风险管理、指标与目标的四方面内容为支柱，总共列出了 11 项建议披露条目。根据上述所列披露条目发现其特点有：TCFD 框架以定性披露为主，主观性较强。四个核心要素中，前三个以定性的方式进行描述，只有第四个维度要求企业披露量化指标，以反映气候变化对企业财务经营等方面的影响。

公司治理	经营战略	风险管理	指标与目标
1. 描述董事会对气候相关风险和机遇的监督情况； 2. 描述管理层在评估和管理气候相关风险与机遇方面的职责。	1. 描述机构所识别的短、中、长期气候相关风险和机遇； 2. 描述气候相关风险和机遇对机构的业务、战略和财务的影响； 3. 描述机构战略的适应性／韧性，并考虑不同气候相关情景（包括 2℃或更严苛的控温情景）。	1. 描述机构识别和评估气候相关风险的流程； 2. 描述机构管理气候相关风险的流程； 3. 描述识别、评估和管理气候相关风险的流程如何与机构的整体风险管理相融合。	1. 披露机构按照其战略和风险管理流程评估气候相关风险和机遇时使用的指标； 2. 披露范围 1、范围 2 和范围 3 的温室气体排放量和相关风险； 3. 描述机构在管理气候相关风险和机遇时使用的目标以及落实进展。

图 5-3 TCFD 披露建议的四大核心要素具体内容

资料来源：2021 年 TCFD 报告。

3. 碳排放信息披露项目

碳排放信息披露项目（CDP）是于 2000 年成立的独立非营利性组织，其目的是为大型企业制定应对气候风险变化战略目标提供参考。CDP 问卷分为气候变化、水安全、森林三类，调查问卷为公司向其利益相关者提供环境信息提供了一个框架。目前 CDP 每年都会搜集世界上的大企业公开碳排放信息及为气候变化所采取措施的细节，亦致力于构建气候、水和森林等环境相关的信息披露数据库。从 2019 年开始，CDP 创建了金融服务行业的环境信息披露问卷，以明确金融行业与气候变化等环境问题之间的联系，推动金融部门投资更有利于气候和环境友好的活动，促进企业转型。

CDP 问卷设计具有以下特点：首先，涵盖内容具有针对性。CDP 问卷针对气候、森林和水三方面，提出涵盖管治及政策、风险及机会管理、环境目标、策略及情景分析的具体问题。其中，气候问卷旨在强化企业控制温室气体排放的意识与管理，严格把控温室气体排放量，并通过测量及披露来缓解气候风险 ⊖。其次，根据投资者不同的需求，CDP 设计出两种不同的版本，即完整版和最简版。其中，完整版包含与公司相关的所有问题，列有特定行业的问题。最简版包含较少的问题，并且没有体现特定行业或部门的针对性。再次，CDP 问卷设计的题目大多数比较直接，少数题目采用开放式问答来搜集补充性信息。最后，问卷中不仅列出 CDP 披露项目，还列有 TCFD、CDSB 等其他准则和框架部分内容相关的问题，通过涵盖更广泛的问题来激励董事会或高层管理者审视可持续发展战略和流程的有效性。2021 年 CDP 气候问卷主要关注内容如表 5-1 所示。

表 5-1　2021 年 CDP 气候问卷主要关注内容

问卷主题	具体内容
公司治理	主要考查董事会是否在审查和引导商业战略、主要行动计划、风险管理政策、年度预算和预算计划，以及制定企业绩效目标，监测实施情况和绩效，监管主要资本支出、并购和剥离时，考虑气候相关问题

⊖　CDP. CDP Climate Change 2021 Questionnaire［R］. 2021.

（续）

问卷主题	具体内容
风险与机遇	主要考查企业对识别、评估和应对气候相关风险和机遇的流程，以及其对气候相关问题风险理解的透彻性
商业战略	主要考查企业是否制订低碳转型计划，是否已将气候相关风险和机遇纳入其商业战略，并了解其运营是否受到影响
目标与绩效	主要考查企业对减排的承诺，以及是否有针对协调和关注排放相关工作的目标。如总排放的数据，"总"指的是不因抵消额度、利用产品和服务实现的已避免排放量和/或温室气体封存或者转移带来的减排，而进行任何削减或调整的排放总量
排放方法	有多种标准、方法和协议可用于收集和报告温室气体数据，但期望是采用的任何工具都能遵守最佳实践
排放数据	披露排放量总量，同时分别披露范围1、范围2和范围3排放量
排放绩效	披露碳排放量的变化。排放量变化可使用下列公式计算： 当年的范围1与范围2的排放总量 – 去年范围1与范围2的排放总量 = 排放量的总变化量
能源相关活动	考查企业与范围1和范围2排放有关的企业不同能源消耗形式以及能源生产的透明度等信息。如燃料消耗（原料除外）、通过购买或其他方式获得的电力、热能、蒸汽和制冷能源的消耗、自产非燃料可再生能源的消耗、能源消耗总量等
价值链参与度	考查企业是否与价值链中的其他合作伙伴一起开展活动，并披露相关内容
供应链	考查企业碳排放分配、供应链减排合作的内容。碳排放分配披露包括是否进行碳分配、碳分配的方法、具体分配数据，以及如何克服挑战提高排放量的分配水平。供应链减排合作披露减排合作项目、减排计划、二氧化碳减排量，以及其潜在的财务影响等内容

资料来源：CDP 官网。

4. 国际可持续发展准则理事会

国际可持续发展准则理事会（International Sustainability Standards Board，ISSB）是一个非营利性公共利益组织，是由国际财务报告准则基金会（International Financial Reporting Standards Foundation，IFRS）发起设立的国际独立的标准制定机构，旨在设立一套全球公认的会计和可持续性披露准则，以提出全面可持续发展披露标准的全球基准。

2021 年 11 月 3 日，IFRS 正式宣布 ISSB 将与国际会计准则委员会（International Accounting Standards Board，IASB）的地位是同等重要的，两个委员会均由 IFRS 监督。ISSB 与 IASB 的董事会是相互合作、独立自主关系，会建立互补的标准以向投资者提供更完整的信息。ISSB 成立后，CDSB 和 VRF 于 2022 年 6 月前并入基金会，为 ISSB 提供人力和资源支持（Robert 等，2022）。VRF 正是于 2021 年 6 月由可持续发展会计准则委员会（Sustainability Accounting Standards Board，SASB）和国际综合报告委员会（International Integrated Reporting Council，IIRC）合并而成的。

ISSB 于 2022 年发布的《国际财务报告可持续披露准则第 2 号——气候相关披露（征求意见稿）》从内容上将 TCFD 披露框架与可持续发展会计准则委员会的披露标准结合在一起，使得气候相关披露的内容更加丰富与精细。首先，其沿用了 TCFD 的披露框架，从治理、战略、风险管理、指标和目标四个方面对企业气候变化相关信息披露提出要求，然而在具体的披露要求和内容上比 TCFD 的披露框架更为全面和细致。其次，该征求意见稿参考 SASB 的行业分类标准，使披露标准具有行业特性。最后，将 SASB 准则中与环境气候相关的行业实质性议题整理出来，对不同行业需要披露的实质性议题进行了调整与补充，同时也增加了更多披露要求的细节。相关内容如表 5-2 所示。

表 5-2　《国际财务报告可持续披露准则第 2 号——气候相关披露（征求意见稿）》主要内容

TCFD核心因素	重点项目	具体内容
治理	治理	主体应披露相关治理机构（包括董事会、委员会或其他同等治理机构）对气候相关风险和机遇的监督情况，以及管理层在与气候相关风险和机遇方面所发挥的作用的描述
战略	气候相关风险和机遇的识别	主体应披露对气候相关重大风险和机遇的描述，以及合理预期每个风险和机遇在短期、中期或长期影响其商业模式、战略和现金流量、融资渠道和资本成本的时间范围

（续）

TCFD核心因素	重点项目	具体内容
战略	主体价值链中气候相关风险和机遇集中	主体应披露关于定性披露气候相关重大风险和机遇对其价值链现在和预期的影响。同时，建议主体应披露气候相关重大风险和机遇集中在主体价值链上的哪些地方
	转型计划和碳抵消	主体应披露向低碳经济转型的计划、如何实现其已制定的气候相关的目标（包括使用碳抵消）、对遗留资产的计划和关键假设，以及主体先前披露的关于计划进度的定量和定性信息。此外，主体还应披露碳抵消量是通过碳消除还是避免排放实现的
	实际和潜在影响	主体应披露气候相关重大风险和机遇对报告期内主体财务状况、财务业绩和现金流量的影响，以及对主体短期、中期和长期的预期影响
	气候适应性	主体应采用气候相关情景分析来评估其气候适应性，除非无法执行，并阐述原因。如果主体不能采用气候相关情景分析，应采用替代方法或技术来评估其气候适应性
风险管理	风险管理	主体应披露识别、评估与监管气候相关风险和机遇的流程，包括：如何评估风险发生的可能性和影响程度，如何将气候相关风险作为优先考虑的风险，选用的重要输入参数，与上一个报告期相比相关流程是否发生改变。此外，披露气候相关风险的识别、评估和管理流程在多大程度上以及如何纳入主体的整体风险管理流程
指标与目标	跨行业指标类别和温室气体排放	提出所有主体均需披露的七个跨行业指标类别：温室气体的绝对排放和排放强度，转型风险，物理风险，气候相关机遇，针对气候相关风险和机遇的资本配置情况，内部碳定价，以及与气候相关考虑因素挂钩的高级管理人员薪酬百分比。此外，建议披露范围1、范围2、范围3的企业类型
	行业特定指标	此类指标与主体披露主题和所处行业相关，同一行业主体的商业模式和基础活动具有共同的特征。其中包括11个行业类别、68个细分行业的披露指标。具体行业有消费品、采掘和矿物加工、金融、食品和饮料、医疗保健、基础设施、可再生资源和替代能源、资源转化部门、服务、技术和通信与交通运输

（续）

TCFD核心因素	重点项目	具体内容
指标与目标	减排目标	主体应披露关于其减排目标的信息，包括设定目标的目的（例如，以减缓、适应或符合行业或科学的倡议要求为目的），以及关于主体的目标与最新气候变化国际协议中规定的目标有何不同的信息

资料来源：ISSB《国际财务报告可持续披露准则第 2 号——气候相关披露（征求意见稿）》。

5.1.2　政府和监管部门

1. 美国

美国的立法主体包括国会和各州议会。以气候变化法律为例，其主要部分就是成文法，只有通过众议院与参议院的审核，并获得总统签字才会出现一部效力涉及整个联邦的正式成文法（缪东玲和闫碘碘，2011）。比如，2009 年推出的《美国清洁能源安全法案》，通过设定碳排放上限对美国发电厂与炼油厂等高耗能企业进行碳排放限量管理。在该法案的引导下，美国重点部门陆续开展应对气候变化的措施。

（1）美国国家环境保护局

美国国家环境保护局（Environmental Protection Agency，EPA）是美国联邦政府的一个独立行政机构，主要负责维护自然环境和保护人类健康不受环境危害影响。EPA 公布的温室气体申报计划（Greenhouse Gas Reporting Program，GHGRP）从 2010 年开始从大型排放设施、化石燃料和工业气体供应商以及向地下注入二氧化碳的设施三大方向来收集温室气体排放数据，有助于各个企业和供应商对温室气体排放源和类型的理解。现有的 GHGRP 清单包括 14 个行业超过 8000 个排放源和供应商⊖。

GHGRP 的设计具有以下特点：第一，在披露内容层面，其仅从相关排放

⊖ EPA. Sector Data Highlights［EB/OL］.［2022-06-09］. https://www.epa.gov/ghgreporting/sector-data-highlights.

数据的角度对企业披露提出各种要求。第二，在披露对象层面，以行业分类为基础，对企业的各种设施排放情况进行披露。其中涵盖设施供应商的披露。此外，该计划并没有单独列出上市公司的披露要求。第三，在披露核验层面，EPA 有系统内数据核查的方法，减少工作人员的工作量。

（2）美国证券交易委员会

美国证券交易委员会（U.S. Securities and Exchange Commission，SEC）是美国的一个联邦政府机构，主要负责监管证券市场、保护投资者，并维护公平、公正和有效的市场运作。SEC 的职责包括执行联邦证券法，监督证券交易所和其他证券市场参与者，监督公开发行证券的公司披露信息，以及调查和起诉证券违法行为。SEC 的目标是促进投资者信心，维护市场的公平和透明度，确保投资者能够获得真实、准确和完整的信息。

SEC 在 2010 年颁布了一份自愿性指导文件，名为《上市公司气候变化信息披露指引》。该文件旨在引导上市公司更好地披露与气候变化相关的风险与机遇。为了进一步推动气候变化信息披露的透明度与标准化，SEC 在 2016 年发布了一份概要文件，并向公众征求意见，其中特别关注了气候变化信息披露的相关内容。在 2021 年，SEC 成立了气候和可持续性小组，加强监管推动有关气候和 ESG 信息披露的执法工作。借鉴 TCFD 对气候风险变化管理的经验，SEC 于 2022 年 3 月 21 日提交《上市公司气候数据披露标准草案》，旨在加强对气候风险相关领域的关注，并推动上市公司在气候信息披露方面达到更高的标准。最新提案要求上市公司在定期报告中披露以下内容。

1）上市公司识别、评估与管理气候相关风险治理系统与流程。

2）在短期、中期或长期表现出任何气候风险对业务与合并报表产生的影响。

3）上市公司温室气体排放量及减排行动。针对重点机构需对范围 1、范围 2 与范围 3 的碳排放量进行披露。

4）气候相关风险及其对上市公司业务、战略以及发展前景可能产生的实质性影响。

5）特定气候相关财务报表指标，以及在经审计的财务报表披露的附注内容。

6）气候相关目标以及（如有）转型计划等。

根据最新提案，未来美国上市公司在提交财务报告时，公司碳排放水平、潜在气候变化问题对公司商业模型和经济状况的影响等内容需要向社会公布。其中，强调气候数据不仅要披露自身生产经营过程产生的碳排放信息，还要公开上市公司供货商和合作伙伴的碳排放信息[⊖]。

（3）其他

2021年6月，美国众议院把《ESG信息披露简化法案》提交至参议院。该法案主要关注的内容是温室气体排放和化石燃料使用情况，加强了对气候变化相关信息的披露。若法案最终通过，则其将会是美国实施强制性披露ESG信息的关键推动力。

2022年美国加州参议院通过的《气候企业责任法案》是首次提出大公司披露其所有温室气体排放要求的法律。其中，大公司指在加利福尼亚州开展业务并获利超过10亿美元的公司。要求其每年披露所有范围的排放，包括以下内容：第一，公司拥有或直接控制的温室气体排放源，包括但不限于燃料燃烧活动（范围1排放）。第二，公司购买和使用的电力产生的间接温室气体排放量（范围2排放）。第三，公司活动产生的间接温室气体排放（范围3排放），包括公司的供应链、商务旅行、员工通勤、采购、废物和水的使用等方面（Shellka，2022）。

2.英国

2022年2月21日，英国商务、能源和工业战略部发布与气候相关财务信息的强制性披露指引，要求企业按照2022年4月6日生效的《公司战略报告（气候相关财务披露）条例》和《有限责任合作企业（气候相关财务披露）条例》披露气候相关财务信息。该条例借鉴TCFD建议的向大型企业和有限责

⊖ SEC. SEC Proposes Rules to Enhance and Standardize Climate-Related Disclosures for Investors［EB/OL］.［2022-05-26］. https://www.sec.gov/news/press-release/2022-46.

任合伙公司提出气候变化信息披露要求，要求其取消之前采用的自愿制度，采取强制性披露气候变化报告，以确保这些企业考虑气候变化所带来的风险和机遇 $^\ominus$，其强制性要求披露的内容如表5-3所示。

表5-3 英国强制性要求披露的内容

重点信息内容	具体内容
a. 描述识别、评估和管理与气候相关的风险和机遇的治理安排	第一，描述为识别和评估气候相关风险和机遇设定的组织机构与人员组成，明确相应责任。包括气候问题发生的频率与管控气候风险和机遇的责任分配； 第二，叙述董事会考虑与气候相关的风险和机遇有关的信息。如果没有董事对气候相关风险和机遇进行监督，或没有人员或公司内部人员有责任评估或管理制度，应详述其原因
b. 描述识别、评估和管理与气候相关的风险和机遇的系统与流程	第一，描述风险和机遇是否在子公司层面识别并通过集团报告，或者风险和机遇识别是否仅在集团层面进行； 第二，需要更新相关风险识别练习的频率。该信息将帮助账户用户评估与公司/有限责任合伙公司气候变化风险敞口相关的披露可能的完整性
c. 如何将识别、评估和管理气候相关风险的流程整合到整体风险管理流程中	第一，说明气候相关风险目前在多大程度上被纳入风险管理的总体方法； 第二，气候相关风险的识别、评估和管理是否受单独流程和程序的约束，以便了解在气候相关风险方面采用的方法的成熟度、分配给理解这一系统性风险的资源水平以及未来是否可能发生流程变化
d. 与经营相关的主要气候相关风险和机遇，以及评估这些风险和机遇的时间范围	可能会在短期、中期或超出企业通常规划周期的一段时间内出现与气候相关的风险和机遇。故在确定与气候相关的风险和机遇时，企业必须考虑所有相关的时间范围，而不仅仅是通常出于预算、战略或规划目的考虑的时间范围
e. 简述主要气候相关风险和机遇对商业模式和战略的实际和潜在影响	第一，详细描述实际和潜在影响，以及该风险具体化的影响； 第二，在描述实际或潜在影响时，企业应考虑目前正在实施的行动和未来可能采取的行动的应急计划

$\ominus$ Department for Business E & I S. Mandatory climate-related financial disclosures by publicly quoted companies，large private companies and LLPs［R］. 2021.

（续）

重点信息内容	具体内容
f. 基于不同的气候情景，对商业模式和战略进行弹性分析	公司或有限责任合伙公司应根据不同气候变化情景预测中产生的风险，对其业务模式和战略的弹性进行评估。需要披露具体情境下假设和估计、定性情景分析过程和结论
g. 为应对气候相关风险和机遇所设定的目标以及相关绩效目标	计划实现目标的时间框架及其监控方式并评估实现这些目标的进展情况
h. 评估相关目标进展情况的关键绩效指标，以及对关键绩效指标计算依据进行说明。	第一，公司或有限责任合伙公司应解释其使用哪些与气候相关的关键绩效指标（KPI）来评估 g 项下设定的目标的进度，以及这些指标是如何计算的； 第二，如果与设定的目标不同，KPI 与目标的关系如何； 第三，如果更改了用于管理其气候相关风险和机遇的气候相关 KPI，通常应披露更改原因，并解释为什么新 KPI 比以前的度量更有效

资料来源：《公司战略报告（气候相关财务披露）条例》。

3. 欧盟

如图 5-4 所示，2014 年 10 月，欧盟发布了《非财务报告指令》（Non-Financial Reporting Directive，NFRD），首次将 ESG 因素系统地融入相关法律条例中，强调非财务因素对可持续发展的重要作用。该指令有以下特点：第一，该指令列出需强制性披露的环境因素内容，而社会与公司治理为自愿性披露，以强调环境因素的重要性 ⊖。第二，虽然该指令为披露环境信息提供了法律保障，但其并没有提供统一的披露标准，仅可参考国际披露准则如 GRI、TCFD 等。这容易造成企业报告中多个披露标准指标的混用，无法形成欧洲可持续发展信息披露的完整体系。

⊖ Parliament E. Directive 2014/25/EU of the European Parliament and of the Council of 26 February 2014 on procurement by entities operating in the water，energy，transport and postal services sectors and repealing Directive 2004/17/EC Text with EEA relevance［S］. 2014.

图 5-4 欧盟发布关于气候变化披露有关的重点政策时间轴

2019 年，欧盟公布的强制性披露文件为《可持续金融信息披露条例》（Sustainable Finance Disclosure Regulation，SFDR），其于 2021 年 3 月正式施行。该条例是专门针对金融市场及其利益相关者的披露要求。相比于 NFDR，SFDR 具有以下特点：第一，SFDR 的披露范围较广，适用性较强。SFDR 从金融市场参与者和财务顾问等市场参与主体、提供服务的第三方以及金融产品三方面规定了信息披露相关要求，提高了金融市场可持续性信息的透明度。第二，SFDR 对产品的细分更明确，减少产品经理人夸大金融产品对气候变化作用的风险。SFDR 将金融产品根据投资目标中涵盖 ESG 议题的程度分类为：普通产品（不含 ESG 因素的投资产品）、浅绿产品（包含推动 ESG 因素的投资产品）、深绿产品（以可持续投资为目标的投资产品）。要求金融市场参与者与咨询机构对其具有 ESG 因素的金融产品承担协议前披露、阶段报告披露，以及可持续投资决策中的重大负面影响披露等义务 ⊖。

《欧盟可持续金融分类方案》的最终报告于 2020 年发布，其主要提出以下内容：第一，关注六大环境目标的其中一项即可作为可持续金融投资，即符合减缓气候变化、适应气候变化、保护水与海洋资源、转型至循环经济、控制污染以及保护与修复生态多样性和生态系统其中一项目标。第二，经济活动要满足三个原则，即实质性贡献原则、无重大损害原则与要满足最低限

⊖ EU. Regulation （EU） 2019/2088 of the European Parliament and of the Council of 27 November 2019 on sustainability-related disclosures in the financial services sector （Text with EEA relevance）［EB/OL］.［2022-06-08］. https://eur-lex.europa.eu/legal-content/EN/TXT/?uri=celex%3A32019R2088.

度的社会保障原则。第三，清晰地阐述了 67 项经济活动内容与技术筛选标准，助力于减缓与适应气候变化。后续，欧盟针对六大环境目标会公布详细文件。

2021 年 4 月，欧盟发布的《欧盟分类气候授权法案》（EU Taxonomy Climate Delegated Act）主要是针对减缓气候变化与适应气候变化目标的技术筛选标准，为推动资本流向真正符合可持续发展原则的投资提供了一套欧盟通用的分类体系 ⊖。

2021 年 4 月，欧盟发布《企业可持续发展报告指令》（Corporate Sustainability Reporting Directive，CSRD）的征求意见稿，预计 CSRD 将在 2024 年生效。若最终公布报告，则可能替代 NFDR。CSRD 的主要内容有：第一，披露主体范围进一步扩大。将可持续发展报告的强制性披露主体扩大到欧盟的所有大型企业和上市公司。大型企业是指满足以下两个条件的企业，即资产总额超过 2000 万欧元、营业收入超过 4000 万欧元，年度员工平均人数超过 250 人。第二，指令中的披露要求涵盖创意设计、技术专利与客户关系等在内的无形资源信息。第三，提高报告披露质量，要求第三方机构对可持续发展报告内容进行审查与验证。综上所述，CSRD 相比于 NFDR 的披露范围与主体均进一步增加，强化了企业可持续发展报告的强制披露。

此外，CSRD 中提出欧盟委员会授权欧洲财务报告咨询小组（Financial Reporting Advisory Group，EFRAG）制定《欧洲可持续报告准则》（European Sustainable Reporting Standards，ESRS）要求草案。待 CSDR 通过后，欧盟有望成为全球首个采用统一标准披露 ESG 报告的经济体，并将在 ESG 信息披露方面处于全球领先位置。

EFRAG 成立欧洲可持续发展报告标准项目工作组进行草案的制定工作，于 2021 年向欧盟委员会提交的《关于制定相关和动态的欧盟可持续发展报告准则制定的建议》文件中总共提出了 54 条政策建议。文件强调可持续发展报告准则以利益相关者导向和原则基础导向为总原则，应按照一定的框架将企

⊖　EU. Commission Delegated Regulation（Eu）［R］. 2021.

业、企业利益相关者，以及两者之间相互影响等信息内容对外进行标准化披露。在确定环境主题时，考虑以下内容：减缓气候变化、气候变化适应、水和海洋资源、循环经济、污染、生物多样性和生态系统。

EFRAG 进一步开展草案制定工作，将工作文件共分三批对外公开。EFRAG 发布的第一批工作文件包括四项跨领域交叉准则（ESRS 2 战略和商业模式，ESRS 3 可持续性治理和组织，ESRS 4 可持续性重大影响、风险和机遇，ESRS 5 政策、目标、行动计划和资源的定义），旨在充分披露对企业重要的可持续事项。同时，第一批工作文件还包括一项以气候变化为主题的准则，两项关于双重重要性和信息质量特征的概念指南。其中双重重要性指既要考虑对价值创造产生影响的可持续发展事项，也要考虑报告主体对环境和人类产生重大影响的可持续发展事项 ⊖。其中，2022 年发布了《气候变化报告准则工作稿》，在战略和商业模式等方面对欧盟企业在气候变化相关领域提出了披露要求 ⊖，其公布的具体内容如表 5-4 所示。

表 5-4　2022 年《气候变化报告准则工作稿》披露要求

重点项目	具体内容
一般、战略、治理与重要性评估（General, strategy, governance and materiality assessment）	E1-1 气候变化转型计划
政策、目标、行动计划与资源配置（Policies, targets, action plans and resources）	E1-2 为应对气候变化采取措施的政策； E1-3 应对与适应气候变化的可衡量目标； E1-4 气候变化缓解与适应行动的计划与资源配置

　⊖　EFRAG. PROPOSALS FOR A RELEVANT AND DYNAMIC EU SUSTAINABILITY REPORTING STANDARD-SETTING ［R］. 2021.

　⊖　PTF-ESRS. ［Draft］ ESRS E1 Climate change ［R］. 2022.

（续）

重点项目	具体内容
指标测量（Performance measurement）	E1-5 能源损耗； E1-6 单位净营业额的能源强度； E1-7~E1-9 范围 1、范围 2 与范围 3 的排放量； E1-10 温室气体总排放量； E1-11 单位净营业额的温室气体强度； E1-12 自身营业过程与价值链中温室气体减少量； E1-13 通过碳信用额度融资的减少温室气体的项目； E1-14 避免温室气体排放的产品和服务； E1-15 重大物理风险的潜在财务影响； E1-16 重大转型风险的潜在财务影响； E1-17 气候相关的机遇产生的潜在财务影响

资料来源：2022 年气候变化报告准则工作稿。

4. 加拿大

加拿大标准协会（Canadian Standards Association，CSA）是加拿大专门制定工业标准的监管机构。2021 年，CSA 发布国家文书 51-107 气候相关事项披露（NI 51-107）及配套政策。要求披露低碳转型计划，包括实现净零排放的中期和最终目标、企业实现目标的措施，以及实现目标的年度进展。其披露目的有以下四个：第一，通过将加拿大的披露标准与国际投资者的预期相结合，改善发行人进入全球资本市场的渠道。第二，通过加强与气候有关的披露，协助投资者做出更明智的投资决策。第三，持续性地进行可比气候信息披露，为所有发行人提供公平竞争环境。第四，减少多个披露框架报告相关的成本，并减少市场碎片化⊖。

⊖　CSA. 51-107 – Consultation Climate-related Disclosure Update and CSA Notice and Request for Comment Proposed National Instrument 51-107 Disclosure of Climate-related Matters［EB/OL］.［2022-06-02］. https://www.osc.ca/en/securities-law/instruments-rules-policies/5/51-107/51-107-consultation-climate-related-disclosure-update-and-csa-notice-and-request-comment-proposed.

5. 日本

日本金融厅企业信息披露工作组 2021 年召开了第一次会议，讨论强制性报告提案以及有关人力资本、多元化、董事会活动和交叉持股等可持续性和治理相关因素的披露准则。该会议强调会以强制性披露气候变化来取代"要么遵守要么解释"的披露原则，来应对气候变化带来的影响。该气候风险披露要求企业以 TCFD 建议框架为基础报告其温室气体排放等气候相关的信息。此外，披露要求适用于所有企业，包括上市公司和非上市公司 ⊖。

6. 澳大利亚

澳大利亚于 2007 年发布了《国家温室气体与能源报告法》，并于 2021 年进行修订。主要设定了企业的碳排放、能源生产、能源消耗的临界点，要求超过临界点的设施和企业向能源效率和气候变化部温室气体和能源数据办公室提交碳排放报告。其中披露信息包括温室气体排放以及能源生产和消费，报告实体运营控制下的活动的排放（范围 1 和范围 2），如消耗购买的能源或热量。不需要报告范围 3 排放，即不受企业控制的运输等活动或外包活动或废物处理的间接排放 ⊖。此外，澳大利亚在气候变化方面的披露法规仍待更新。

7. 新加坡

新加坡自 2019 年 1 月起实施碳税，碳排放量每年达 25000 吨及以上的设施，每排放 1 吨温室气体，须缴付 5 新币碳税。碳税税率自 2024 年起将调高 5 倍达每吨 25 新币。2023 年 10 月，新加坡永续发展和环境部（MSE）和国家环境局（NEA）制定了国际碳信用（ICC）框架下的资格标准。2023 年 12 月，新加坡永续发展与环境部及国家环境局公布了首批符合国际碳信用标准的减排项目。这些项目包括修复红树林、保护森林和提供沼气池等，都来自巴布亚新几内亚。双方于 2023 年 12 月初签署了首个碳信用合作执行协定（Implementation Agreement），该项目清单于 2024 年 1 月 1 日生效。新加坡正在通过实施碳税政策、推动国际碳信用合作以及鼓励企业自愿披露气候相关信息，为全球气候治理贡献自己的力量。

5.1.3 交易所

1. 纳斯达克证券交易所

2017 年 3 月，纳斯达克证券交易所公布了第一份自愿性披露信息文件，名称为《ESG 信息报告指南 1.0》(*ESG Reporting Guide 1.0*)。根据实际情况，2019 年 5 月，纳斯达克证券交易所删除了部分不符合公司发展实际情况的指标，并发布新版文件《ESG 信息报告指南 2.0》(*ESG Reporting Guide 2.0*) 以推动资本市场的可持续发展 ⊖，其具体内容如表 5-5 所示。纳斯达克证券交易所鼓励每个上市公司提供 ESG 报告并帮助建设 ESG 生态，同时建立了独立的 ESG 信息披露平台。

表 5-5　《ESG 信息报告指南 2.0》环境相关的披露要求

重点项目	具体内容
E1. 温室气体排放量 （GHG Emissions）	E1.1 范围 1 排放量； E1.2 范围 2 排放量； E1.3 范围 3 排放量
E2. 排放强度 （Emissions Intensity）	E2.1 每单位输出因子占温室气体排放总量的比例； E2.2 每单位非输出因子排放量占总量的比例
E3. 能源利用 （Energy Usage）	E3.1 直接能源消耗总量； E3.2 非直接能源消耗总量
E4. 能源强度 （Energy Intensity）	E4 每单位输出因子占总能源直接消耗量的比例
E5. 能源构成 （Energy Mix）	E5 每个能源使用情况百分比

⊖　Nasdaq. ESG Reporting Guide 2.0 A Support Resource for Companies [R]. 2019.

（续）

重点项目	具体内容
E6. 水资源利用 （Water Usage）	E6.1 水资源消耗总量； E6.2 回收水的总量
E7. 环境行动 （Environmental Operations）	E7.1 公司是否遵循正式的环境政策？ E7.2 公司是否遵循特定的废物、水、能源和／或回收政策？ E7.3 公司是否使用公认的能源管理系统
E8. 气候监督／董事会 （Climate Oversight / Board）	E8 公司董事会是否监督和／或管理气候相关风险
E9. 气候监督／管理层 （Climate Oversight / Management）	E9 您的高级管理团队是否监督和／或管理气候相关风险
E10. 降低气候风险 （Climate Risk Mitigation）	E10 每年在气候相关基础设施、恢复力和产品开发方面的投资总额

资料来源：https://www.nasdaq.com/ESG-Guide。

2. 纽约证券交易所

2021 年 5 月，纽约证券交易所发布了 ESG 指南，将碳排放作为关键指标之一，旨在帮助上市公司更好地披露其 ESG 实践和绩效。这个指南借鉴了国际上通用的披露框架，如全球报告倡议（GRI）和气候相关财务信息披露任务组（TCFD），以确保披露的信息更加全面、准确、可比和可靠。通过这些举措，纽约证券交易所致力于促进可持续发展和负责任投资，推动企业在 ESG 方面的表现和透明度。

3. 新加坡交易所

新加坡交易所公示表明，自 2022 年 1 月 1 日起，所有上市公司都必须按照"遵循或解释"的原则披露气候相关信息。自 2023 年起，将对金融、能源、农业、食品和林产品行业的上市企业强制执行气候相关信息披露要求。2024

年之后强制执行范围将扩大到材料、建筑和交通行业。

发行人应按照 TCFD 建议提供气候相关披露。披露与气候相关的风险和机遇可能会影响发行人未来的财务状况和业绩，如其利润表、现金流量表和资产负债表相关信息。

4. 吉隆坡证券交易所

吉隆坡证券交易所提供了两种标准化合约（类似 CBL 期货合约），全球基于技术的碳合约（GTC），专注于全球基于技术的减排项目，以及全球基于"自然的 + 碳合约"（GNC+），该项目以全球基于自然的温室气体减排项目为特色，并为农业、林业和其他土地利用（AFOLU）部门带来共同效益。其子公司布尔萨碳交易所（BCX）的成立，是为了在 2050 年实现温室气体净零排放。BCX 是一个现货交易所，通过标准化的碳合约促进高质量碳信用额的交易。企业可以购买这些信用额度来抵消其碳足迹，而碳信用额度的出售将有助于资助和推动温室气体减排和消除解决方案和项目的发展。布尔萨碳交易所于 2023 年 3 月 16 日成功开展了全国首次碳信用拍卖。布尔萨碳交易所提供了两种新的碳信用拍卖品——全球基于技术的碳信用额和基于自然的碳信用额（Global Nature-Based）。

5. 上海证券交易所

2008 年 5 月，上海证券交易所相继发布了《上市公司环境信息披露指引》和《关于加强上市公司社会责任承担工作的通知》，明确规定上市公司需公开披露与环保相关的重大信息。2020 年 12 月，上海证券交易所进一步在《科创板股票上市规则》中要求科创板公司必须在年度报告中披露包括可持续发展报告以及环境责任报告等在内的文件。2022 年 1 月，上海证券交易所又发布了《关于做好科创板上市公司 2021 年年度报告披露工作的通知》，进一步明确了科创板公司必须披露 ESG 信息的规定，同时要求科创 50 指数成分公司在年报披露的同时，也要公开其社会责任报告或 ESG 报告，以确保信息的全面与透明。

6. 深圳证券交易所

深圳证券交易所在 2024 年 2 月发布了名为《深圳证券交易所上市公司自律监管指引第 17 号——可持续发展报告（试行）（征求意见稿）》的文件。该文件致力于从可持续发展信息披露框架、环境信息披露等多方面进行规范，引导上市公司践行可持续发展理念，推动上市公司高质量发展。其中，深圳证券交易所鼓励有条件的披露主体采用情景分析等方式进行气候适应性评估，并披露情景分析关键假设、分析过程等。鼓励有条件的披露主体聘请第三方机构对公司温室气体排放等数据进行核查或鉴证，提高温室气体排放透明度和可比性。另外，披露主体可以按照业务单位或设施、国家或地区，以及来源类型等分类提供不同范围的温室气体排放情况。该文件已于 2024 年 5 月 1 日开始施行。

7. 香港联合交易所

2021 年 11 月 5 日，香港联合交易所正式发布按照 TCFD 框架汇报的《气候信息披露指引》，作为对新版 ESG 指引中新增议题"A4 气候变化"的强化指南，并且明确提出《气候信息披露指引》将于 2025 年强制实施 ⊖。

该指引在原有 TCFD 框架的基础上，将气候变化风险管理进一步细化为八个步骤：一是确定合理的管治架构；二是在确定的范围内制定气候情景与参数；三是识别气候相关风险并对其进行排序；四是将业务与重大风险对应；五是选定参数、指标与目标；六是制订气候行动计划；七是评估财务影响；八是将气候相关影响纳入业务策略。

5.1.4　回顾与分析

根据披露标准的内容的导向性，可将上述披露标准分为：过程导向与结果导向。过程导向最为明显的是 TCFD 指南。根据披露指南的情景分析可知，其独特之处在于建议公司进行特定类型的风险分析。这种分析具有高度的内

⊖　香港联合交易所. 气候信息披露指引［R］. 2021.

省性，并迫使组织调整内部程序来管理已识别的风险和机遇。结果导向最明显的是 CDP 问卷。CDP 问卷答案均基于企业过去发生的项目或事项，故是结果驱动的。而 CDSB 框架是依赖于其他标准与披露准则的，也是属于结果导向的。

另外，如表 5-6 所示，政府或监管部门发布的温室气体排放披露范围有以下特点：第一，直接排放和外购电力、热力及蒸汽引起的间接排放被所有政府或监管部门要求披露。第二，其他间接排放被大多数政府或监管部门要求鼓励披露。在所有披露准则中，范围 3 排放的要求会存在略微的差异。比如，SEC 规定只在相关信息比较重要或公司有包括范围 3 的减排目标时才需要进行披露，ISSB 要求公司披露使用温室气体协议计算的绝对范围 3 信息，故其信息更重要。

表 5-6　政府或监管部门温室气体排放的披露范围

国家或地区	直接排放	外购电力、热力及蒸汽引起的间接排放	其他间接排放
美国	√	√	鼓励披露
美国加州	√	电力、热力和蒸汽行业的供应商披露	供应商披露
英国	√	√	鼓励披露
加拿大	√	√	√
日本	√	√	鼓励披露
澳大利亚	√	√	鼓励披露
欧盟	√	√	√

注："√"指符合披露要求的范围。

此外，综合上述披露标准发现 TCFD 建议被多个信息披露标准借鉴并纳入气候相关披露的要求中，这表明全球对气候变化的关注度逐渐增加，并有望形成全球统一基准。企业气候变化披露相关要求发布时间及内容如图 5-5 所示。

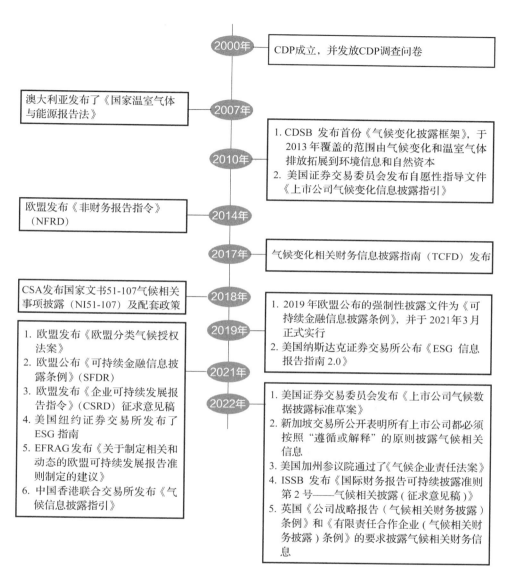

图 5-5　企业气候变化披露相关要求发布时间及内容

5.2　企业气候变化表现的评价方法

如图 5-6 所示，提供评价方法的机构不同，企业气候变化表现的评价方法也不同，本小节分别从非营利性机构和金融服务机构两方面去阐述。非营利性机构以 CDP 为例，本节介绍其评级的方式来激励企业通过参与 CDP 调查问卷来评估和管理其环境影响。对于金融服务机构，本节简单介绍了 MSCI、Sustainalytics 和 ISS 的评级方法。

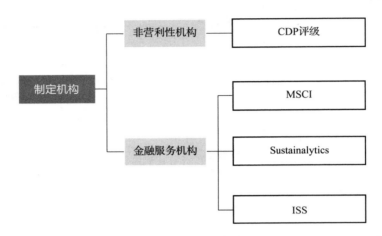

图 5-6　企业气候变化评价方法（根据提供评价方法的机构进行分类）

5.2.1　非营利性机构

CDP 是一家非营利性机构，采用对问题赋值的方式来对企业进行评价。CDP 评级分为四个连续的等级，代表了一个企业的环境管理进程。若企业被要求披露，但没有披露或披露信息不完整，则评级为 F，这并不意味着企业在环境管理方面做得不好。每个级别均有两个评分，故所有结果分别为 A、A-、B、B-、C、C-、D、D-。此外，评级之间的关系如图 5-7 所示。如想要达到 C 评级，就需满足 D 评级的要求。这四个级别分别是：

D ——披露：披露级别考核的是调查问卷的完成度，问卷叙述了企业治理、战略及风险管理。调查问卷中的每道题都会被赋予不同的分数，其分数的高低取决于两个方面：答题企业提供的数据和这些数据相对于数据使用者的重要程度。

C ——认知：认知级别主要衡量企业对环境问题和企业供应链相关的组织与环境之间相互影响的认知程度。认知级别的分数仅说明企业能识别企业风险和机遇，但不会对企业做出任何实际行动的启示。

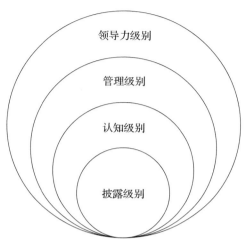

图 5-7 CDP 评级关系图

B ——管理：达到管理级别说明企业具备应对气候变化的治理结构，并做出减排行为来应对环境问题。管理级别的评分更注重实践，根据企业对其应对环境问题的过程细节披露程度来打分。

A ——领导力：达到领导力级别意味着企业有目标，并披露其卓越的减排行为。这些行为符合 TCFD 倡导的环境披露最佳实践，标志着其环境管理位于行业领先水平。

如图 5-8 所示，CDP 针对每个问题设计了得分表，包括具体问题是否获得披露评级、认知评级、管理评级与领导力评级得分，以及其具体得分因子。其大多数问题是一个回答是一分，但信息重要性高的相关问题的披露级分数会多于一分。当企业披露内容对应上得分因子则获得相应得分，CDP 需将每个问题获取的相应分值加总在一起。最终每个级别的得分点在低范围，则达到 "–" 级别；若得分点在中范围，则达到该级别；若得分点在高范围，则可进入下一个级别。若某企业披露级别得分点为 87%，认知级别得分点为 30%，管理级别得分点为 10%，领导力级别得分点为 5%，则评级为 C–。

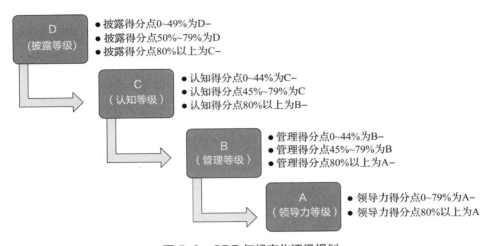

图 5-8　CDP 气候变化评级规划

5.2.2　金融服务机构

1. MSCI

投资者利用企业的 MSCI 气候净零指数来实现一系列投资目标，其主要内容如表 5-7 所示。MSCI 的气候分析框架调查了四个维度：最大限度地降低过渡风险、捕捉绿色机遇、最大限度地降低物理风险，以及确保与 1.5℃路径保持一致。在每个维度中，有几个数据指标和模型可以支持这种分析，从排放数据等构建块开始，到复杂的情景分析模型的风险。

表 5-7　MSCI 气候净零指数主要内容

维度	指标
最大限度地降低过渡风险	范围 1、范围 2、范围 3 的碳排放，按化石燃料类型和发电数据提供储量的定量数据，基于 NGFS 或其他标准的气候风险估值
捕捉绿色机遇	绿色税收，气候风险估值技术，低碳专利技术，SDG 净暴露率，绿色债券
最大限度地降低物理风险	自然灾害，气候估值中的物理风险，风险暴露与脆弱性
确保与 1.5℃路径保持一致	隐含的升温风险，企业减排的目标，气候政策与项目，低碳转型得分

2. Sustainalytics

Sustainalytics 评级机构在企业剩余未管理碳风险的基础上开展的气候转型风险评级（Climate-related transition risks，CRS），即考虑了所有企业采取的降低气候转型风险的措施之后的剩余风险。Sustainalytics 根据企业的碳风险和碳风险管理措施计算评级分数，碳风险由企业的产品、服务、业务和运营情况决定，碳风险管理措施反映了企业的能源效率以及管理碳排放，提供绿色产品和服务的能力。评级包括可忽略风险（0分）、低风险（0~10分）、中风险（10~30分）、高风险（30~50分）以及严峻风险（50分以上）五个风险等级。CRS 指标的显著特征是通过衡量碳排放对企业价值的影响，将企业碳排放的外部成本内部化，为投资者在投资决策中将碳排放成本内部化提供了参考。

3. ISS

机构股东服务集团公司（ISS）成立于1985年，是企业管治和负责任投资解决方案的提供商。目前，ISS ESG 评级体系涉及以下领域：ESG 企业评级（ESG Corporate Rating）、ESG 国家评级（ESG Country Rating）、管治质量评分（Governance Quality score）、环境及社会信息披露质量评分（E&S Disclosure Quality score）、碳风险评级（Carbon Risk Rating）、定制化评级（Custom Rating）。

ISS 发布的碳风险评级关键指标如表 5-8 所示。碳风险评级既有企业层面，又有国家层面，如国家碳风险评级涵盖整个 ISS ESG 国家范围。不仅能了解企业碳排放信息，还可以了解一国政府在减少公共和私营部门温室气体排放以及减少其对气候风险的脆弱性方面的有效性。

表 5-8　ISS 发布的碳风险评级关键指标

关键指标	
TCFD 指标	包括 TCFD 的加权平均碳强度以及评估气候相关风险和机遇的其他指标

（续）

关键指标	
场景分析	评估投资组合与国际能源署（IEA）提供的三种气候情景的一致性，包括与《巴黎协定》一致的可持续发展情景（SDS）。该分析还包括定性气候目标评估和温度评分
压力测试	分析不同的气候情景如何影响投资组合的财务业绩
碳足迹数据	范围 1、范围 2 和范围 3 排放，包括排放强度
转型风险	详细评估公司和投资组合面临的转型风险和机遇，这些风险和机遇与碳定价和需求变化、对运营成本和收入的影响、化石燃料储量、发电和有争议的能源开采实践有关。包括基于前瞻性回报的分析，量化净零排放情景对财务的潜在影响
物理风险	提供到 2050 年，在五种最严重的天气危害（洪水、热应激、野火、热带气旋和干旱）中，针对最可能和最坏情况的情景，由于危害强度增加而导致的财务影响

资料来源：官网。

5.3 国外与国内企业气候变化披露与评价的现状

本节探讨了国外与国内企业在气候变化披露与评价方面的现状。分析结果显示，整体而言，无论是国内还是国外，企业对气候变化的披露意识与实践均在进步，但在提升披露内容全面性和质量方面仍面临挑战。

5.3.1 国外企业气候变化披露与评价现状

如图 5-9 所示，2019 年至 2021 年信息披露的增加幅度很快，这与气候相关报告的全球势头保持一致。从图中可以看出，金融机构的披露数量占总数量的比例超过 40%，体现出金融机构对气候风险变化的重视。此外，根据 2021 年 TCFD 进展报告可知，2021 年披露的企业中有一半以上在 2020 年披露过气候变化风险相关信息。

全球企业在气候相关信息披露与评价方面均有所改善。首先，从 2021 年 TCFD 进展报告来分析。2021 年企业披露气候相关财务信息意愿和披露质量

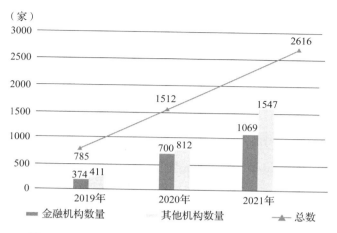

图 5-9　2019—2021 年参考 TCFD 披露企业情况

资料来源：2021 年 TCFD 进展报告。

明显上升。2018 年的 11 项信息披露中平均每家企业只有 2 项符合工作小组的建议，2020 年平均每家企业报告的 11 项信息披露中有 3 项符合。披露符合至少一项 TCFD 建议的事项的企业占比为 75%，披露了符合至少 3 项建议的企业占比为 50%。尽管采用率较低，但鉴于气候变化的紧迫性以及对披露的重视，TCFD 建议可能会在许多辖区作为强制性披露要求。其次，从 2021 年的 CDP 评级报告来分析。CDP 评级报告中 509 家企业的得分从 2020 年的 C（认知级别）或以下提升到 2021 年的 B（管理级别），这意味着这些企业已经不仅能披露气候变化信息，而且意识到生产经营活动对环境影响，并且能够采取实际行动对其进行管理和改善。

5.3.2　国内企业气候变化披露与评价现状

本小节将着重阐述国内企业气候变化披露与评价的现状，主要从披露企业数量、依据不同披露标准的企业数量以及披露率等三个角度来进行分析和说明。

1. 披露企业数量

《中国社会责任报告》（CSR）是企业披露 ESG 信息的主要载体。近年来，

A 股上市公司发布 ESG 相关报告（包括《环境、社会与治理报告》《可持续发展报告》《社会责任报告》）的数量持续增加。

我们通过对 2019—2021 年对外发布的独立报告的内容进行分析，可以发现以下内容：如图 5-10 所示，首先，上市公司披露社会、环境、治理的信息的报告数量逐年缓慢增加。其次，A 股上市公司报告中披露气候风险与碳排放相关信息的数量较少。最后，披露气候相关信息的报告数量逐年增加，这意味着中国上市公司对气候变化的关注度在提高。从 2019 年开始，披露气候相关信息的报告数量为 189 个，占总披露数量 19.98%；2020 年披露数量为 231 个，占比 22.85%；2021 年披露数量为 352 个，占比为 31.15%。这表明企业对气候相关信息披露的关注度在增强。

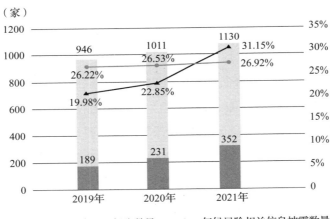

图 5-10　2019—2021 年 A 股上市公司披露气候风险与碳排放信息的情况

数据来源：A 股上市公司数量及股票代码基于国泰安数据，报告源于巨潮资讯网。

2. 依据不同披露标准的企业数量

如图 5-11 所示，中国上市公司发布独立披露 ESG 信息报告的参考披露标准具有以下特点：首先，报告参考标准种类增加，且企业更关注气候变化问题。参考 TCFD 披露建议的报告数量增加，这意味着中国上市公司对气候问题的关注度增加，以推动企业可持续发展。其次，参考国际披露标准的报告数量持续增加，在一定程度上意味着上市公司的报告更加规范。

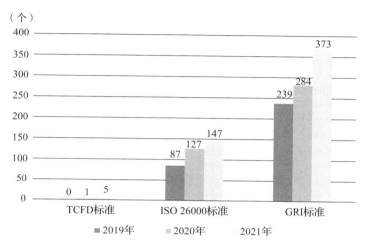

图 5-11 2019—2021 年 A 股上市公司参考不同标准数量情况

数据来源：新浪财经和巨潮资讯网。

3. 披露率

根据气候风险相关的披露标准，选取部分关键议题进行披露率的计算如图 5-12 所示，我们可以发现以下内容。

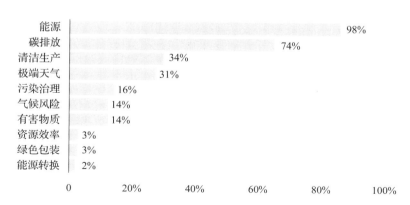

图 5-12 2020 年 A 股上市公司 ESG 报告气候变化相关议题披露率

数据来源：新浪财经和巨潮资讯网。

    首先，能源相关的议题披露率最高，而能源转换相关议题披露率最低。其次，中国上市公司碳排放披露率排第二，约74%。这与2020年CDP《中国上市公司报告》的结论接近。另外，2020年CDP《中国上市公司报告》还说明中国上市公司范围3的披露仍有待提升。在温室气体排放方面，2020年共有57家（约92%）企业进行了范围1排放的披露，50家（约80%）企业披露了范围2排放数据，19家回应企业披露了范围3排放数据。这表明基于地理位置的范围2排放计算方法是中国企业的首选方法。

第 6 章　企业气候变化情景分析

企业气候变化情景分析是一种评估未来气候变化对企业可能产生影响的工具，它通过模拟不同的气候变化情景来帮助企业预测和准备应对气候相关风险和机遇。这种分析通常包括对气温上升、极端天气事件增加、海平面上升等气候变化因素及其对企业运营、供应链、市场需求和法规环境的影响进行评估。通过模拟不同的气候变化情景，企业可以评估不同应对策略的有效性，如加强基础设施以提高抗灾能力、调整产品和服务以满足变化的市场需求，或转变业务模式以减少温室气体排放。情景分析能够帮助企业制定有针对性的适应和减缓策略。

6.1　气候变化情景分析的定义及作用

情景分析作为一项具有前瞻性的工具，通过构建多元化的未来图景，帮助企业洞察潜在的风险与机遇，有利于其制定科学决策。本节将通过一个虚构的绿色能源公司案例，展示企业如何运用情景分析进行气候风险管理。此外，本节还将讨论情景分析在企业中的作用，具体包括应对不确定性、识别风险、满足监管要求等。

6.1.1　情景分析的定义

情景分析是一种系统性的方法，通过模拟未来多种发展的可能性，进而帮助企业了解潜在的风险和机遇。这种方法涉及对多个变量和因素的考虑，包括气象、政策、市场和社会因素。通过构建多个可能性的情景，企业能够更全面、深入地评估未来可能的发展路径，从而进行科学决策和应对。

气候变化情景分析是指用于评估气候变化对未来社会、经济和环境影响的一种方法。通过构建不同的情景，描述可能的未来发展路径和相关的气候变化情况，这种分析方法可以帮助决策者制定适应气候变化的政策和措施，以及评估这些政策和措施的有效性。气候变化情景分析的核心是构建不同的情景，这些情景可以基于不同的假设和因素，如人口增长、经济发展、能源使用、技术创新等。每个情景都代表了一个不同的未来发展路径，包括气候变化的驱动力和影响。一家大型能源公司对其业务进行气候风险管理的情景分析示例如表6-1所示。

表6-1 能源公司气候风险管理的情景分析

一、公司概况
公司名称：绿色能源公司（虚构名称）
业务范围：全球范围内的能源生产和销售，包括化石燃料和可再生能源
主要市场：北美洲、欧洲、亚洲
二、情景分析目的
评估在不同气候变化情景下，公司的财务表现、市场份额和运营风险。制定适应气候变化和减少碳足迹的战略
三、选择的情景
低排放情景（RCP 2.6）：全球温室气体排放在2030年前达到峰值，然后下降，限制全球平均温度升高不超过2℃
高排放情景（RCP 8.5）：无有效减排措施，温室气体排放持续增加，导致全球平均温度大幅上升
四、分析步骤
1. 数据收集
收集有关全球能源需求、政策变化、市场趋势和技术发展的数据
获取公司历史财务数据，包括收入、成本和投资

（续）

四、分析步骤
2. 建模与预测
使用金融模型预测在不同情景下的收入、成本和投资回报
考虑政策变化对化石燃料需求的影响，以及可再生能源市场的增长潜力
3. 风险评估
评估物理风险，如极端天气对能源生产设施的影响
评估转型风险，如碳定价政策对化石燃料业务的影响
4. 结果分析
在两种情景下对比收入、成本和投资回报的变化
评估市场份额变化和业务多样化的必要性
5. 战略制定
根据分析结果，制定减少碳排放和适应气候变化的战略
考虑投资更多的可再生能源项目和研发新技术
五、结果呈现
财务预测图表：显示在两种情景下未来十年的收入、成本和投资回报预测
风险评估报告：详细描述物理风险和转型风险的评估结果
战略规划文档：概述应对策略和未来的业务发展方向
六、结论
通过这样的情景分析，绿色能源公司能够更全面地理解在不同气候变化情景下的潜在风险和机会，为未来的业务发展和战略调整提供数据支持和决策依据

6.1.2　情景分析的作用

　　首先，情景分析能够使企业在未来出现的不确定性中制订计划，提前应对可能的挑战。其次，情景分析可以帮助企业识别和评估可能的风险，从而制订相应的风险管理策略。另外，情景分析还可为企业领导层提供基于多种可能性的决策支持，使其更灵活、适应性更强。最后，通过情景分析，企业可对外界和利益相关方传达企业对气候变化和相关风险的认知和管理计划，提高企业的透明度。

气候变化情景分析通常使用气候模型来模拟未来的气候变化，进而预测未来气候的变化趋势和可能的极端事件。通过结合情景和气候模型，我们可以得出不同情景下的气候变化情况，如温度上升、降水变化、海平面上升等。另外，通过模拟未来的气候变化和相关的社会经济因素，如灾害风险、农业产量变化、水资源供应变化等，最后的评估结果可为企业决策者提供有关未来挑战的信息，有助于决策者选择合适的政策和措施，进而优化现有的资源分配。

企业应该进行情景分析以应对气候风险，这涉及多方面的原因。首先，气候变化可能对企业的运营和财务状况产生直接和间接的影响。通过进行情景分析，企业可以更好地理解可能的未来气候情景，从而更好地准备和规划应对措施。其次，气候变化可能导致政府法规和法律环境的变化，这可能对企业的经营方式和责任产生深远的影响。通过情景分析，企业可以评估不同的法规和政策可能性，制定相应的战略，以确保其业务在不同的法律框架下仍能够有效运作。再次，气候相关的风险可能对供应链和生产过程造成重大影响。情景分析可以帮助企业识别潜在的供应链中断和生产问题，并制订相应的风险管理计划，以确保业务的持续性和稳定性。此外，越来越多的投资者和消费者对企业的环境责任感兴趣，对气候友好型企业更加青睐。通过进行情景分析，企业可以更好地理解其在气候可持续性方面的表现，并采取措施提高其在市场上的竞争力。最后，气候变化可能导致资源价格波动和市场不确定性增加。通过情景分析，企业可以更好地预测和应对这些变化，以确保其在竞争激烈的市场中保持竞争优势。所以，情景分析对于企业应对气候风险来说至关重要，它不仅有助于企业更好地了解可能的挑战，还能够指导企业制定相应的战略和计划，以确保其在不断变化的气候环境中能够持续成功经营。

另外，监管机构可能会要求企业进行情景分析，同时也可能对情景的设定加以一定的约束。最显著的例子是银行。关于银行是否需要进行气候风险情景分析，不同的国家和地区有不同的规定和要求。一般来说，这里的气候风险情景分析是指评估银行在不同的气候变化情景下可能面临的物理风险和转型风险，以及这些风险对银行的资产、负债、收入和资本的影响。例如，以下是部分国家和地区对银行业气候风险情景分析的约束情况。

1）欧盟：欧洲央行（ECB）于2022年1月启动了监管气候风险压力测试，以评估银行抵御气候风险引起的金融和经济冲击的能力。

2）英国：英国央行（BOE）自2021年6月起开展气候双年度探索情景测试，旨在分析并评估英国大型银行抵御气候变化相关转型风险和物理风险的能力。

3）中国：中国人民银行（PBC）于2022年9月启动了气候风险情景分析试点，要求参与的六家银行在2023年6月前提交自我评估报告，包括对三种不同的碳定价情景的分析。

4）新加坡：新加坡金融管理局（MAS）自2021年6月起，与新加坡政府投资公司（GIC）展开合作，共同进行气候情景分析，旨在通过分析、行动和问责制三个渠道构建具有气候韧性的储备投资组合。

6.2 气候变化情景分析方法

情景分析作为应对气候变化不确定性的重要工具，分为定性与定量两大类，前者依托专家意见构建未来图谱，后者则借助数据与模型量化潜在影响。企业可以通过综合运用这两种方法，识别并评估气候变化可能带来的物理与转型风险，为制定战略决策奠定坚实基础。本节将深入探讨情景分析的类型、工具与步骤，展示如何结合定性与定量分析，评估不同气候变化情景下的企业表现。

6.2.1 情景分析方法的类型

气候变化情景分析的方法可分为定量方法和定性方法两类。情景分析的定量方法主要是指使用数学模型来量化气候变化可能对企业产生的影响，如生产成本、供应链稳定性等。通过对大量数据进行统计分析，识别气候变化与企业绩效之间的关联性。之后运用模拟技术和预测方法，模拟不同气候情景下企业的运行状况，为未来制定战略提供数据支持。而定性方法则更多依赖领域专家的意见和经验，通过专家讨论或问卷调查获取关键信息，进行风险评估。定性方法往往是通过与利益相关方的合作和咨询，收集关于气候变化可能影响的定性信息。最后构建不同的未来情景，基于行业知识和专业判断，帮助企业预测可能发生的变化。当然，在研究中，我们也可以将定量和定性方法相结合，综合运用以全面了解气候变化对企业的影响，提高分析的全面性和可信度。即根据企业的具体情况和可用数据，我们可灵活选择和整合情景分析方法。

就风险的类型而言，又可分为物理风险情景分析和转型风险情景分析。物理风险情景分析模拟极端天气事件（如风暴、洪水、干旱和热浪）的频率和强度增加对企业资产、运营和供应链的影响，以及评估长期气候变化（如海平面上升、温度升高）对企业的潜在影响，包括自然资源的可用性、生态系统服务的变化以及基础设施的适应性需求。转型风险情景分析考虑全球、国家和地方层面上关于减排的政策和法规变化，如碳定价、排放标准和清洁能源法规，以及这些变化对企业运营和成本结构的影响，以及技术进步和市场偏好对企业的影响。

接下来以 XYZ 钢铁公司为例，该公司定性和定量情景分析的具体内容如表 6-2 和表 6-3 所示。此示例虽然提供了 XYZ 钢铁公司在不同气候变化情景下可能面临的一些问题，但这些情景仅是一般性的例子，我们在实际应用中仍需结合公司具体的特征和行业条件进行定制，即依据详细的企业数据、市场研究和专业模型，更准确地评估气候变化对企业的潜在影响。

表 6-2　XYZ 钢铁公司的定性情景分析

情景	业务按常规经营方式（BAU）	低碳发展情景	可持续发展情景	极端情景	技术创新情景
碳排放和能源使用	继续高碳排放，依赖传统能源	采用清洁能源，减少排放	推动能源转型，可再生能源	高碳排放，极端气象导致能源短缺	通过技术创新降低碳排放
生产成本和资源利用	可能面临碳税和能源成本上升风险	采用更节能的生产工艺	提倡循环经济，资源效率提高	面临灾害损失和资源稀缺风险	创新技术，提高资源效率

（续）

情景	业务按常规经营方式（BAU）	低碳发展情景	可持续发展情景	极端情景	技术创新情景
供应链和市场需求	面临气候不稳定带来的风险	更多符合低碳和可持续要求的产品	高度可持续产品受欢迎	面临供应链中断和市场不确定性风险	技术领先带来市场竞争优势
环境和社会责任	面临环境法规和社会压力	更好地满足环境和社会法规	强调社会责任，减少负面影响	面临环境和社会责任的严格要求	投入社会责任和可持续发展
投资者和品牌形象	面临ESG标准和投资者关注	对于环保投资更有吸引力	强调品牌的可持续性	面临投资者和消费者质疑	通过绿色创新增强品牌形象

表6-3 XYZ钢铁公司的定量情景分析

情景	业务按常规经营方式（BAU）	低碳发展情景	可持续发展情景	极端情景	技术创新情景
碳排放和能源使用	5000吨CO_2/年	2000吨CO_2/年	1000吨CO_2/年	6000吨CO_2/年	1500吨CO_2/年
生产成本和资源利用	1000万元/年	900万元/年	850万元/年	1200万元/年	950万元/年
供应链和市场需求	30%低碳产品，市场份额15%	70%低碳产品，市场份额20%	90%低碳产品，市场份额25%	20%市场份额下降，供应链中断	80%市场份额增加
环境和社会责任	50%环境合规，社会投资5%	90%环境合规，社会投资10%	95%环境合规，社会投资15%	100%环境合规，社会责任投入增加	80%环境合规，社会投资8%
投资者和品牌形象	60%投资者关注度，ESG评级B	80%投资者关注度，ESG评级A	95%投资者关注度，ESG评级A+	70%投资者和消费者关注度降低，ESG评级B	85%投资者关注度，ESG评级A

6.2.2 情景分析方法的工具

情景分析往往需要借助专门的工具。常用的模拟工具有系统动力学模型、蒙特卡洛模拟等，这些工具可以帮助使用者实现复杂系统的互动。另外，研究者也可以使用情景分析专门的工具和软件来简化建模和模拟过程，其中包括 Vensim、AnyLogic 和 LEAP 模型等。通常在开展情景分析之前，需进行数据的收集和分析这一过程。此阶段可运用数据分析工具如 Python、R 语音等处理大量数据，以提取关键信息进行分析。除此之外，部分在线工具（收费或免费）也可以实现情景分析的功能。例如，以下这些在线工具可为企业提供数据集、模型和分析框架，以评估企业在不同气候情景下的潜在影响。

1）CDP Scenario Analysis Toolkit（CDP 情景分析工具包）：CDP（以前称为碳信息披露项目）提供了一个情景分析工具包，旨在帮助企业理解和应用情景分析，特别是与 TCFD 的建议相一致。

2）Carbon Delta（碳德尔塔）：这是一个气候变化风险评估工具，提供详细的分析，帮助企业和投资者理解气候变化可能对其投资组合的财务影响。

3）2° Investing Initiative's PACTA（2° 投资倡议的 PACTA）：提供了一种分析工具，允许企业和金融机构评估其投资组合与不同气候路径的一致性。

4）S&P Global Market Intelligence's Trucost（标准普尔全球市场情报的 Trucost）：提供企业环境风险分析和数据服务，帮助企业量化和评估气候变化风险。

5）Transition Pathway Initiative（TPI）Tool［过渡路径倡议（TPI）工具］：这是一个在线工具，用于评估公司在低碳转型方面的进展和风险。

6）Bloomberg's Climate Risk Assessment Tool（彭博气候风险评估工具）：彭博提供的工具，使企业和投资者能够评估特定资产在不同气候情景下的风险。

这些工具提供了不同类型的分析，从碳足迹评估到金融影响模拟，适用于各种规模的行业和企业。企业在选择满足自己需求的工具时，应考虑其特定的业务模式、行业特性和评估目标等。

6.2.3 情景分析的步骤

企业使用气候变化情景分析的详细步骤如图 6-1 所示。

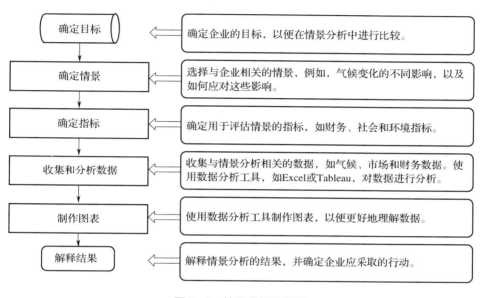

图 6-1 情景分析流程图

1.情景构建

在上述流程中，需重点关注"情景构建"这一环节。情景构建的全面性、合理性以及可操作性是决定最终结果是否可靠的关键。值得注意的是，在构建评估公司气候风险的不同情景时，企业需要考虑未来的多种可能性，以评估各种情形下的影响。例如，综合考虑以下因素将有助于企业建立一套全面的情景，进而用于评估和应对气候变化带来的风险和机会。

第一，确定目标：公司需要明确其评估的目标。这包括确定要评估的风险类型（例如物理风险、转型风险）和影响的时间范围。

第二，确定情景：公司应选择或开发用于评估的气候情景。这些情景通常基于国际气候变化的相关研究，如政府间气候变化专门委员会（IPCC）的报告。情景可能包括温室气体排放的不同路径，如"低排放"或"高排放"情景。同时，还需根据公司的运营地点和行业特性，调整或细化情景。例如，沿海地区的公司可能需要更多关注海平面上升的影响。

第三，确定指标：由于不同时间框架可能揭示不同的风险和机会，所以情景需分析设置评估的时间框架，如短期（5—10年）、中期（10—30年）和长期（30年以上）。同时，需根据实际情况选取并确定用于评估情景的指标，如财务、社会和环境等。

第四，收集和分析数据：转型风险涉及应对气候变化的政策变化、技术创新和市场动态。确定情景中可能的政策变化（如碳定价）和市场趋势。

第五，制作图表：根据收集的数据制作图表以便更好地理解数据。

第六，解释结果：使用情景进行风险模拟，评估不同情景下的潜在影响。这可能包括财务影响、运营影响和战略影响，并根据新的科学数据和政策变化，定期更新和复审情景设定，确保情景的相关性和准确性。

另外，在设置气候变化相关情景时，我们往往需要遵循一些既有的标准框架，这些标准框架多是由权威部门、研究机构和国际组织开发并设立的。企业在选择或确定气候情景时，通常要考虑将这些标准框架作为起点，然后根据企业的具体情况进行调整和细化，这将有助于确保评估的全面性和一致性。

1）政府间气候变化专门委员会（IPCC）情景：IPCC提供了一系列全球气候变化情景，这些情景被广泛用于评估气候变化的潜在影响。这些情景基于不同的温室气体排放轨迹和集成评估模型。

2）TCFD（气候相关财务信息披露工作组）：TCFD提供了一套指南，鼓励企业使用气候情景进行风险和机会评估，并披露相关信息。TCFD强调包括物理风险和转型风险在内的全面评估。

3）国际能源署（IEA）能源和气候情景：IEA发布了多个能源和气候情景，包括"可持续发展情景"和"现有政策情景"。这些情景帮助评估能源行业和与能源相关的气候风险。

4）国际商业理事会（WBCSD）情景：WBCSD提供了针对不同行业的气候情景，旨在帮助企业理解在不同气候未来中的风险和机会。

5）SSPs（共享社会经济路径）：SSPs是一组基于不同社会经济发展路径

的全球情景。它们被用于评估社会经济因素如何影响气候变化和适应策略。

在以上所列举的标准框架下构建情景时，我们经常需要设定一个基准情景。所谓基准情景，即一个参考标准，具体是指当前的商业和社会经济活动继续按照过去的模式进行，没有采取任何明显的变革或干预措施来影响未来可能的发展路径，也称作"Business as usual"（按常规经营方式），简称"BAU"。

为更好地理解此概念，我们以一个示例来具体阐述。以下是某房地产企业未来十年（2023—2033 年）的按常规经营方式（BAU）情景。这个 BAU 情景提供了一个未来十年内可能发生的概念性估计，考虑了房地产企业在当前市场条件下继续经营的情况。这样的情景分析有助于了解在当前发展轨迹下，房地产市场可能面临的趋势和挑战。当然，此情景下的数值是概念性的估计，实际应用需要更详细的数据和市场研究。

1）宏观经济方面。

2023—2033 年全球经济：平均每年增长 2.5%。

2023—2033 年利率：平均全球利率为 4%。

2033 年全球房地产市场规模：从现在的 60 万亿美元增长到 80 万亿美元。

2）房地产市场方面。

2023—2033 年房价增长率：平均每年增长 3%。

2023—2033 年租金收益率：平均保持在 5%。

2033 年空置率：平均维持在 10%。

3）可持续性和绿色建筑方面。

2023—2033 年绿色建筑比例：逐渐增加，从目前的 20% 增加到 30%。

2023—2033 年可持续性认证：企业逐渐采用可持续性认证标准，达到 60% 的建筑获得认证。

4）政策和法规方面。

2023—2033 年房地产税率：平均维持在目前水平，没有大的变化。

2023—2033 年城市规划：城市规划重点保持一致，没有重大变革。

2033 年建筑能效标准：逐渐提高，以符合更严格的能效法规。

5）社会趋势方面。

2033年居住趋势：城市化水平继续上升，需求集中在城市核心区。

2033年房地产投资者偏好：受到可持续性和环保因素影响，投资者更加偏好绿色建筑。

气候变化背景下的BAU情景通常指的是继续使用传统的能源来源，保持高碳排放和资源消耗的现状。这意味着继续依赖化石燃料，增加温室气体排放，持续破坏生态系统，以及对自然资源的过度利用。BAU情景可能会导致气温上升、海平面上升、极端天气事件增多等不利影响。这个情景的核心特征是对环境和可持续发展缺乏关注，以及继续过度开发自然资源的趋势。需要注意的是，BAU并不是一个具体的气候变化情景，而是一种描述当前经济和社会模式未来可能演变的一种假设。在实际的气候变化研究和情景分析中，通常会与其他情景（如低碳发展、可持续发展等）进行对比，以更全面地评估潜在的未来发展路径。除了BAU情景之外，气候变化研究中通常会考虑其他几种情景，这些情景反映了不同的未来发展路径，一些常见的气候变化情景如表6-4和表6-5所示。

表6-4　气候变化情景设置（示例一）

情景类别	情景描述	情景影响
低碳发展情景	此情景下，全球社会采取了积极的气候变化应对措施，推动能源转型，减少温室气体排放，鼓励可再生能源的使用	减缓气温上升、降低温室气体排放，促进可持续发展
可持续发展情景	此情景下，经济增长与自然资源保护和社会公正相协调。可再生能源和清洁技术得到广泛应用，社会和环境的可持续性得到重视	经济、社会和环境的可持续性得到平衡，减少对生态系统的负面冲击
极端情景	此情景下，极端天气事件、海平面上升等极端现象大幅增加，这可能由于过度排放和环境压力导致	面临更频繁和更强烈的极端天气事件，对社会、经济和生态系统构成巨大威胁
技术创新情景	此情景下，科技创新推动经济和社会的发展，使得可再生能源和清洁技术大规模应用，减缓气候变化	新技术的广泛应用带来经济增长，减少对有限资源的依赖

表6-5　气候变化情景设置（示例二）

情景类别	情景描述	情景影响
气温上升	全球气温上升导致气候变暖，平均气温升高	极端天气事件增加，如热浪、干旱、林火，可能对农业、水资源和供应链产生负面影响
海平面上升	极地冰融化导致海平面上升，威胁沿海地区	企业位于沿海地区的资产和基础设施受到威胁，供应链和物流受到影响
极端天气事件	增加极端天气事件，如台风、暴雨、洪水等	对生产设施、供应链和基础设施造成直接破坏，导致生产中断和资产损失
政策法规变化	国外和国内气候政策法规的变化，包括碳排放标准和排放交易系统的实施	企业需要调整生产过程，符合新的环境法规，可能带来额外的成本和合规挑战
资源短缺	气候变化导致资源短缺，如水资源、能源等	生产过程受到限制，企业需要更有效地管理和利用资源，以确保可持续经营
社会舆论变化	公众对气候变化的关注度提高，消费者更倾向于支持环保和气候友好型企业	对品牌形象和市场份额产生影响，企业需要调整产品和营销策略以满足消费者期望
技术创新	出现新的气候友好型技术和创新，如可再生能源、碳捕获等	企业需要适应新技术，调整业务模型，以降低环境影响并保持竞争力
全球协作	国际社会加强合作，制定更为综合和有力的全球气候变化政策	跨国企业受到更严格的国际标准和监管的约束，需要调整全球业务策略和运营

　　这些情景的设定有助于研究人员和决策者更好地了解不同发展路径对气候变化的影响。每个情景都代表了一种假设，帮助评估采取不同决策和行动的潜在后果。在实际应用中，科学家和研究机构可能使用更具体和详细的情景来更好地定量评估气候变化的影响。除前文中提到政府间气候变化专门委员会（IPCC）情景、共享社会经济途径（SSPs）和国际能源署（IEA）情景，还有其他权威机构发布了可作为参考依据的气候变化情景。

　　1）气候行动追踪器情景：气候行动追踪器提供了评估当前和承诺的气

候政策对全球气温上升影响的情景。这些情景帮助组织了解当前气候行动的影响。

2）国家气候评估情景：一些国家，如美国，制定了国家气候评估情景，其中包含一系列预测未来气候条件的情景。这些情景对在特定地区运营的企业具有价值。

3）金融机构的气候风险情景：金融机构，包括中央银行和监管机构，越来越多地制定气候风险情景，评估气候变化的金融影响。这些情景对金融领域的企业具有相关性。

尽管以上示例提供了一些情景设置的思路，但使用者在使用时仍然需要结合自身特定的形势、行业和运营环境来确定具体情景。企业应与最新和相关的情景进行互动，并在有新信息时定期更新其分析。此外，咨询本地气候数据和与该领域的专家合作也可以提高气候变化情景分析的准确性和适用性。

2. 情景分析结果的报告

情景分析结果的报告是情景分析应用价值的直接体现，成功的情景分析报告能够以一种透明、全面和一致的方式向利益相关方传达情景分析的结果。气候风险情景分析的结果是企业为了应对气候变化的影响，而进行的一种前瞻性的评估和披露。这种分析可以帮助企业识别和量化与气候相关的风险和机会，以及制定相应的应对措施和目标。实际上，众多知名企业已着手开展并实施了气候变化情景分析，并对外展示其报告成果。

✉ 小案例

气候变化情景分析示例

Downer Group 是一家在澳大利亚和新西兰提供综合服务的公司，该公司使用了定量的气候风险情景分析方法来评估其业务面临的物理风险和转型风险。Downer Group 选择了两种气候情景，分别是《巴黎协定》的目标（2℃）和 BAU（4℃），并根据这两种情景，分析了其在 2020—2050 年的潜在影响。Downer Group 的分析结果显示，其在 2℃ 情景下的经济损失要低于 4℃ 情景下的损失，这表明了转型到低碳经济的重要性和必要性。Downer Group 还根据其分析结果，制订了一系列的气候行动计划，包括减少温室气体排放、提高能源效率、采用可再生能源、增加循环经济的比例等。

另一个例子是PwC，作为一家提供专业服务的公司，它使用了气候风险情景分析方法来评估其在不同的行业和地区的客户和投资组合的气候风险敞口。PwC选择了三种气候情景，分别是《巴黎协定》的目标（2℃）、BAU（4℃）和灾难性（6℃），并根据这三种情景，分析了其在2020—2040年的潜在影响。PwC的分析结果显示，其在不同的行业和地区的气候风险敞口有很大的差异，这表明了需要进行定制化的气候风险管理和适应性规划。PwC还根据其分析结果，制定了一些气候相关的战略和建议，包括加强气候风险的识别和披露、提高气候相关的数据和分析能力、加快低碳转型和创新等。

著名的管理咨询公司BCG也使用了气候风险情景分析方法来评估其在不同的行业和地区的业务和投资的气候风险和机会。BCG选择了两种气候情景，分别是《巴黎协定》的目标（2℃）和BAU（4℃），并根据这两种情景，分析了其在2020—2030年的潜在影响。BCG的分析结果显示，其在不同的行业和地区的气候风险和机会有很大的差异，这表明了需要进行细分化的气候风险评估和机会挖掘。而且BCG根据分析结果制定了一些气候相关的战略和建议，包括加强气候风险的管理和监督、提高气候相关的透明度和沟通、加速低碳转型和创新等。

通过以上的实例和分析不难发现，一份有效的气候变化情景分析报告往往涵盖以下几个方面，具备这些要点有助于确保企业的气候变化情景分析报告具有高度的透明性和可信度，同时满足不同利益相关方的信息需求。

1）整体报告框架。

明确定义目标：在报告之前，明确报告的目标和受众，以确保报告内容对关键利益相关方具有实际价值。

遵循国际标准：借鉴并遵循国际上广泛接受的标准和框架，如TCFD的建议，以确保一致性和可比性。

2）情景分析的详细说明。

方法论和前提条件：解释用于情景分析的方法和前提条件，包括模型、假设和数据来源。

情景选择：说明选择的气候变化情景，包括未来可能的气候发展路径和相关的社会、经济变量。

3）主要风险和机会。

核心结果：强调情景分析的核心结果，包括主要风险和机会。突出那些可能对企业战略和运营产生显著影响的因素。

不确定性：指出可能的不确定性，并说明这些不确定性对结果的影响。

4）财务影响和资产估值。

财务影响：提供财务模型和估值方法的详细信息，以便各利益相关方了解气候变化风险对企业财务状况和资产的潜在影响。

资产评估：报告企业资产的气候风险和机会评估，涉及财务和实物资产的估值。

5）管理策略和应对措施。

风险管理措施：描述企业计划采取的具体措施来管理气候相关风险，并说明这些措施的实施计划和时间表。

适应性战略：报告企业的适应性战略，包括应对气候变化影响的长期规划。

6）透明度和交流。

透明度：提供透明度，包括对信息的清晰解释和易于理解的图表，以便各种利益相关方理解和评估企业的情景分析结果。

利益相关方沟通：与利益相关方进行积极的沟通，回应其关切，以建立信任和透明度。

7）报告周期和更新。

定期更新：设定定期更新的计划，以反映新的信息、变化的情景和企业策略的调整。

整合报告：将气候变化情景分析整合到企业的整体可持续发展报告中，

以展示对企业长期业务模型和可持续性的整体影响。

6.3　气候变化情景分析的应用

企业可以借助情景分析制订风险管理和业务连续性计划，调整现有的战略和市场定位，同时也可以结合情景分析的结果实现企业环境的持续性监测和更新。

在金融投资领域，气候变化情景分析的一个应用是计算投资组合的气候风险敞口。首先，需要确定投资组合中的资产或企业所面临的物理风险和转型风险，以及这些风险对其业绩、估值和资本成本的影响。其次，选择合适的气候情景，如 1.5℃、2℃或 4℃的温度变化，以及相应的政策、技术和市场变化，来模拟不同的气候变化对投资组合的影响。再次，使用数据和模型（如 Aladdin Climate 或 ISS ESG），来计算和展示投资组合在不同气候情景下的风险敞口、收益预期和碳足迹等指标。最后，根据分析结果，制订相应的风险管理和机会把握的策略，如调整投资组合的资产配置、与投资对象进行气候相关的交流、支持有利于气候转型的公共政策、投资低碳或绿色的资产和产品等。

一个具体的例子是，假设一个投资组合由 S&P 500 和 STOXX 600 两个指数的成分股组成，各占一半。根据 ISS ESG 的分析，该投资组合在 2018 年年底的总排放量为 1164 吨 CO_2e，其中 S&P 500 占 397 吨 CO_2e，STOXX 600 占 767 吨 CO_2e。该投资组合在不同的气候情景下的风险敞口如表 6-6 所示。

表 6-6　风险敞口

情景	物理风险	转型风险	总风险
无政策	低	高	高
2℃	中	中	中
4℃	高	低	中

根据上述分析，该投资组合降低气候风险敞口的策略有：第一，减少对高排放行业，如能源和公用事业的投资，增加对低排放行业，如信息技术和医

疗保健的投资。第二，与投资对象进行气候相关的交流，要求其披露和管理气候风险，实现业务模式的低碳转型。第三，支持有利于气候转型的公共政策，如碳税、可再生能源补贴、节能标准等。第四，投资低碳或绿色的资产和产品，如绿色债券、可再生能源、清洁技术等。

✉ 小案例

情景分析案例

埃克森美孚使用了国际能源署（IEA）的2℃情景（2DS）和新政策情景（NPS）来模拟其未来的能源需求和供应，以及相关的温室气体排放。这两种情景分别代表了不同的气候政策和技术发展的可能性。2DS是一个更加积极的情景，它假设全球能源系统能够在2100年之前实现净零排放，以限制全球升温在2℃以内。NPS是一个更加保守的情景，它假设现有的政策和承诺能够得到落实，但没有额外的行动，导致全球升温超过3℃。埃克森美孚根据这两种情景的假设，评估了其在不同的能源市场和地区的竞争力和盈利能力，以及其资产和投资的风险和机遇。埃克森美孚的分析结果显示，其在两种情景下的资产都是有竞争力的，且没有出现重大的减值风险。埃克森美孚还指出，其将继续投资于低碳技术，如碳捕获和利用、生物燃料和可再生能源，以适应不断变化的市场需求和政策环境。整体而言，埃克森美孚的情景分析是一种有用的工具，可以帮助公司规划未来的战略和应对气候变化带来的挑战。但是，情景分析也有其局限性，因为该方法不能预测未来的确切发展，也不能反映公司的全部业务活动和决策。因此，埃克森美孚还使用了其他的方法，如风险管理、敏感性分析和压力测试，来补充其情景分析的结果，以提高其业务的适应性和韧性。

星巴克作为全球领先的咖啡连锁企业，一直致力于管理气候风险，其方法是首先通过科学的数据和严谨的市场研究，制定了到2030年将碳排放、水消耗和废物减少一半的目标。接下来通过扩大植物性菜单选项、从一次性转向可重复使用的包装、投资再生农业、植树造林、森林保护和供应链中的水资源补给、投资更好的废物管理方式、创新更可持续的门店、运营、制造和配送等多个关键策略，来实现资源正向的愿景。之后通过全球环境委员会，监督和评估其可持续发展的承诺和进展，该委员会由跨星巴克的高级领导组成，他们的薪酬与目标的达成挂钩。然后通过与科学目标倡议（SBTi）等第三方机构合作，验证其碳目标是否符合科学标准，并根据 1.5℃的最高水平进行调整。而这些途径在很大程度上助力星巴克开发更适应气候变化的咖啡品种，减少恶劣天气、水资源减少和作物病害等问题对咖啡供应和价格的影响。借助气候风险管理和情景分析，星巴克积极推动了可持续农业实践，减少了对气候的负面影响。星巴克还制定了碳中和目标，并计划在 2030 年前实现净零碳排放。为了实现这一目标，星巴克正在加大对清洁能源的投资，并与供应链合作减少碳排放。总之，星巴克管理气候风险情景管理的成果是显著的。作为行业的领导者，星巴克的成就为其他企业树立了良好的榜样，鼓励其他企业也采取类似的行动来应对候变化的挑战。

第7章　应对气候风险的金融工具

应对气候风险的金融工具指的是旨在帮助金融机构、投资者和企业评估、管理和应对与气候变化相关的风险的一系列金融工具和方法。随着气候变化的加剧，许多组织认识到气候风险可能对其财务状况和运营产生负面影响，因此支持气候风险管理的相关金融产品和工具被开发出来。应对气候风险的金融工具包括：气候保险、气候债券、气候贷款、气候基金、气候衍生品（期权期货）、碳信用等。

7.1　气候保险

气候保险是一种帮助区域实体、政府、机构、企业、社区团体、家庭和个人应对因极端气候变化而产生风险的金融风险转移工具，保护投保人因极端天气事件造成生命、生计或资产损失。相比于其他（通常）临时的灾后融资，如援助、贷款和家庭援助，气候风险保险有助于提供有效、快速的灾后付款来弥补部分经济损失，这有助于快速提供紧急援助和重建，帮助拯救生命、保护生计和资产并保障发展成果。

瑞士再保险公司的数据显示，到2040年，气候变化将使风险资产池扩大33%～41%，随着灾难损失激增，全球新增财产保费将达到1490亿至1830亿美元，届时财险公司尤其是再保险公司的潜在市场将扩大不止两倍[⊖]。

7.1.1 气候保险的分类

按照保险的承保对象和承保范围来看，气候保险主要分为天气保险和巨灾保险[⊜]。天气保险包括一般天气保险和天气指数保险，一般天气保险主要是针对人们日常生活方面的个性化保险，参考的标准包括降雨、气温、风速等天气情况。天气指数保险最早由日本提出并推行，中国农业天气指数保险试点开始于 2007 年，天气指数保险是指把一个或几个灾害气象指标如气温、降水量、风速等对保险标的的损害程度进行指数化，保险合同以这种指数为基础，当指数达到一定水平时，保险人根据保险合同约定提供相应标准的赔偿。

巨灾保险是对影响面大、影响程度十分严重的极端气候事件（如台风、洪水等）所引发的人员伤亡和财产损失，给予切实保障的保险。

7.1.2 气候保险领域的重要角色

本小节列示了气候保险领域的重要角色，具体而言，本小节将着重分析保险公司、政府和其他组织在气候保险领域发挥的重要作用，并以菲律宾为例分析了各个机构间发挥作用的机制。

1. 保险公司

保险公司在应对气候变化过程中起到了重要的经济补偿作用。早在 1899 年，慕尼黑再保险公司（以下简称"慕再"）便开始提供自然灾害保险。21 世纪以来全球气候灾害事件频发，相关保险赔付总额不断增加。

在应对气候风险时，保险公司会依据历史数据对未来一段时间的天气和自然灾害进行预测，通过精算方法为投保人因某类气候变化将要遭受的损失进行定价，设计并于投保人签订合同，投保人通过定期支付保费将某类气候风险

⊖ 刘新立."气候异常"形势严峻 风险减量正当其时（下）［N］.中国银行保险报［2023-9-13］.
⊜ 许光清，陈晓玉，刘海博，等.气候保险的概念、理论及在中国的发展建议［J］.气候变化研究进展，2020，16（3）：373-382.

可能造成的损失转移给保险公司的保险产品。

2. 政府

作为转移、分散灾害风险的有效手段，灾害保险是世界上许多国家自然灾害风险管理体系的重要组成部分。党的十八届三中全会明确提出"完善保险经济补偿机制，建立巨灾保险制度"，之后我国巨灾保险发展取得快速进展。2014 年国务院印发的《关于加快发展现代保险服务业的若干意见》明确提出：将保险纳入灾害事故防范救助体系，围绕更好保障和改善民生，以制度建设为基础，以商业保险为平台，以多层次风险分担为保障，建立巨灾保险制度。2016 年 12 月印发的《中共中央国务院关于推进防灾减灾救灾体制机制改革的意见》明确提出，"强化保险等市场机制在风险防范、损失补偿、恢复重建等方面的积极作用，不断扩大保险覆盖面，完善应对灾害的金融支持体系。加快巨灾保险制度建设，逐步形成财政支持下的多层次巨灾风险分散机制"。2017 年 1 月，国务院办公厅发布《国家综合防灾减灾规划（2016—2020 年）》，提出要完善国家层面自然灾害管理体制机制，积极引入市场力量参与灾害治理，培育和提高市场主体参与灾害治理的能力，鼓励各地区探索巨灾风险的市场化分担模式，提升灾害治理水平。

2021 年 12 月，国务院印发的《"十四五"国家应急体系规划》明确提出要强化保险等市场机制在风险防范、损失补偿、恢复重建等方面的积极作用，探索建立多渠道多层次的风险分担机制，大力发展巨灾保险。2022 年 6 月，国家减灾委员会发布的《"十四五"国家综合防灾减灾规划》提出，目前我国自然灾害保险在灾害风险评估和灾害防治中作用发挥有限，亟须开展系统的服务能力建设和引导，促进全社会不断提高灾害风险管理水平。

3. 其他组织

世界银行集团全球指数保险基金可向发展中国家小农户、微型企业主以及小额信贷机构提供巨灾风险转移方案和指数保险。该基金为保额达 1.51 亿美元的保险提供了便利，该保险覆盖了约 600 万人，他们主要来自撒哈拉以南非洲、亚洲以及拉美和加勒比地区。

国际金融公司也活跃在这一领域，同印度尼西亚 PT Reasuransi MAIPARK 公司成功开展合作，为该国农业综合企业制定了应对自然灾害和气候事件威胁和所致损失的保险方案。

保险方案有助于政府部门保护国家预算和本国公民的生命和生计，使其免遭灾害影响，最终为经济发展和减贫工作保驾护航。每年，全世界因旱灾、洪灾、龙卷风、地震等灾害而陷入贫困境地的人口估计达 2600 万。如把对民众福祉造成的影响纳入考虑，灾害每年对全球造成的经济损失估计达 5200 亿美元，脆弱国家特别是其最贫困社区尤其会遭受灾害影响。

多个国家及非政府组织和私营部门合作伙伴启动了保险增强韧性机制，其目标是在发展中国家推广气候风险融资和保险方案，促进构建富有成效的气候风险保险市场。

4. 机构间发挥作用的机制

菲律宾常年受到自然灾害威胁。为了应对这个严峻挑战，政府于 2017 年 8 月启动了一项创新的巨灾风险保险计划。该计划旨在为 25 个省提供总额逾 1 亿美元的强台风保险，采用建立风险保险池的方式，将风险转移到私营再保险市场。

在这一计划中，国有保险机构政府服务保险系统为中央政府和 25 个省提供了关键的巨灾风险保险。世界银行充当中介机构，将风险转移给国际再保险机构专家小组，包括 Nephila 公司、瑞士再保险公司等。这构建了历史上首个省级风险共保机制，增强了中央和地方管理的抗灾能力。

世界银行和菲律宾政府紧密合作，建立了首个巨灾风险模型和《灾害风险融资战略》，这个长期的协作为未来的灾害应对提供了坚实基础。这极大地支持了菲律宾在面对自然灾害时的融资需求，有效地减轻了对人道援助和发展的不利影响。考虑到菲律宾每年因台风遭受的 35 亿美元资产损失，这个保险计划的实施将使 25 个省能够迅速获得资金，采取行动，有力地减轻灾害带来的各种影响。

这一创新举措不仅为菲律宾提供了一种可行的金融工具，更强调了应急信贷和保险在减少对人道援助的依赖以及快速应对灾害方面的关键作用。全球面临自然灾害挑战的地区可以从这一成功经验中得到启示，共同努力构建更为健全的灾害风险管理体系。

7.1.3 天气保险发展现状

本节致力于分析天气保险的发展现状，将主要从国际和国内两个角度加以阐述说明。

1. 全球天气保险现状

从天气指数保险来看，美国和加拿大这两个发达国家，主要通过政府制定相关法律并采取财政补贴机制来支持农业天气指数保险的发展。

澳大利亚强调依靠市场的力量来推行农业天气指数保险。澳大利亚多变的气候给农业带来了极大的收入波动性，但许多农业生产者却无法轻松获取有效的天气风险管理工具。为了解决这一问题，Hillridge 与三井住友保险（MSI）和 Victor Insurance Australia 合作推出了 Hillridge 技术支持的天气指数保险平台。该平台覆盖了农民关注的各种风险，如低温、高温、降雨过多和降雨不足，作为澳大利亚首个允许农民直接在线实时获取天气指数保险报价的平台，以应对澳大利亚面临的气候危机，为农业企业提供更全面的保险保障。

在泰国，与株式会社国际合作银行（JBIC）等合作，研究应对气候变化风险的融资方法，2010 年推出了"天气指数保险"，是针对泰国东北部水稻种植农户的干旱灾害。该保险在预定期间降雨量低于一定标准时支付赔偿金，通过与泰国农业协同组合银行（BAAC）合作，招募农民加入保险计划。同时，海外公司 SOMPO International Holdings Ltd. 提供技术支持，推出"AgriSompo"综合平台，向农民销售天气指数保险，为泰国主要出口农产品农民提供适应气候变化的保障。在缅甸，与一般财团法人遥感技术中心（RESTEC）合作，开发了应对干旱风险的"天气指数保险"，利用地球观测卫星的雨量数据。同时，与 Myanma Insurance 公司和 Myanma Agricultural

Development Bank（MADB）合作，在缅甸进行"天气指数保险"试点项目，为大米和芝麻农民提供保障。

还有一些发达国家采用了再保险的机制来分散气候风险，比如，美国的政府再保险机构模式，加拿大、韩国的政府在保险基金模式，以及西班牙的农业再保险公司承担再保险业务模式等。2007年慕尼黑再保险公司在加勒比地区帮助建立了加勒比巨灾风险保险基金（CCRIF）。CCRIF保证在自然灾害发生后的14天内向参与国支付款项，然后这些国家可以将这笔钱用于恢复工作。2020年年底，CCRIF在尼加拉瓜遭受两次飓风袭击后不久，向该国支付了超过3000万美元。慕尼黑再保险公司是CCRIF最重要的再保人之一。

2. 中国气候保险现状

2007年4月，中国保监会下发《关于做好保险业应对全球变暖引发极端天气气候事件有关事项的通知》要求各保险公司和保监局重视气候变化可能对中国经济社会发展造成的负面影响，充分发挥保险经济补偿、资金融通和社会管理能力，提高应对极端天气气候事件的能力，中国保险业自此进入气候领域。目前中国的气候保险以天气指数保险为主，且多集中于农业领域。

（1）政府部门

湖北省作为全国首批开展水稻政策性保险的省份，自2008年以来，已在全省水稻保险，覆盖面超过80%。2016年，湖北省气象部门通过气象灾害风险普查、暴雨洪涝模型研究等，结合地理信息技术和试验数据，建立了暴雨天气指数公式。保险公司据此设计了仙桃市的暴雨洪涝天气指数保险产品，费率为8%，共计承保了2.25万户、13.74万亩农户的作物。这一政策性保险措施有助于农户应对气候灾害风险，提高农业生产的稳定性和抗风险能力 ⊖。

在广东，台风、强降水及其引发的次生灾害常导致农业生产受损，因此广东省气象局组建气象指数保险创新团队，开展气象灾害风险评估与转移技术调研，初步破解乡村振兴金融服务中保险查勘理赔难度大、损失确定不客观、

⊖　焦泰文,曾德云,陈军.创新气象指数保险提高农业保障水平[J].农村工作通讯,2016,（20）: 52-53.

理赔周期长、耽搁救灾和复产等问题。截至 2023 年 12 月，广东省气象部门已协助承保约 2.6 亿元，提供风险保障 37 亿元，助力农户获赔近 1.1 亿元。结合数据来看，农业气象指数保险为农户提供了更加稳定和可靠的风险保障，推动防灾减灾救灾从注重灾后救助向注重灾前预防转变。

（2）保险公司

中国人保与瑞士再保险合作成立了大湾区农业保险创新实验室，并构建了农业领域的专家库，在农业天气指数保险定价方面，进行了多方资源整合。其次，可以与更多有资质的第三方观测机构合作，获取更多的观测数据，为精准理赔创造基础。最后，随着定价和理赔能力的进步，以及远程定位、智能监测等技术的发展，保险公司可以监测人、车、建筑、厂房等多种标的在极端天气中的受损情况，从而可以将天气指数保险推广到工业企业、汽车、家财、旅游等新的领域，并探索与天气指数期货等其他衍生品的协同发展，为经济和民生提供更加广泛、更加深入的保险保障。中国人保在相关试点中一直走在创新前列，在农业领域，开发了覆盖水产、花卉、苗木、茶叶等多个品种的天气指数保险，为农户提供更全面的风险保障。

针对不同的地区及气候条件，保险公司提供多样化的天气保险。比如，2022 年中华财险发布河北省商业性温室作物阴雨寡照指数保险，保险金额计算标准为保险温室作物的每亩每月保险金额为 300 元。当保险温室作物发生保险责任范围内的损失，保险人计算赔偿的方式如表 7-1 所示。

表 7-1 每日历月保险作物阴雨寡照指数赔偿标准表

累计阴雨寡照指数标准	阴雨寡照指数对应每亩赔偿金额（元/亩）
3 日（含）~ 15 日（不含）	80
15 日（含）~ 20 日（不含）	160
20 日（含）以上	300

资料来源：中华财险。

赔偿金额 $= \sum$ 每日历月保险作物阴雨寡照指数对应每亩赔偿金额 × 保险面积

7.1.4 巨灾保险现状

本小节致力于分析巨灾保险的发展现状，将主要从国外和国内两个角度加以阐述说明。

1. 全球巨灾保险现状

发达国家巨灾保险的发展起步较早，并且已形成了一套适用于各自国家的气候巨灾保险机制。

早在 1961 年，英国最早的洪水保险——"绅士协议"就开始利用市场进行气候保险交易，政府不进行直接干预，只是要履行一些公共职能，一切风险由商业保险公司承担。为了减轻巨灾事故的赔付责任，保险公司常采用再保险的方式进行风险分散。如今，英国保险业和政府为保险公司提供部分险种的再保险保障，旨在向低收入人群提供一定的政策倾斜，让保险费率更可承受。

美国是世界上设立巨灾保险项目最多的国家，包括自然灾害和人为灾害。商业保险公司由于巨灾风险的不可预测性和损失的巨大性，不愿提供保障，因此美国的巨灾保险项目都通过政府立法成立，根据巨灾风险的承保主体和影响范围的不同，可以将美国巨灾保险项目分为联邦巨灾保险项目和州巨灾保险项目。联邦气候巨灾保险项目包括国家洪水保险计划（NFIP）等。NFIP 成立于 1968 年，为消费者提供负担得起的洪水保险。州一级巨灾保险项目有加州地震保险制度、佛罗里达飓风巨灾保险制度等。加州地震保险制度于 1994 年北岭地震后成立，由加州政府立法设立加州地震保险局（CEA）。CEA 由加州的财产保险公司自愿加入，1996 年开始运营。其覆盖住宅、公寓等房产，但不包括游泳池、车库等。佛罗里达的巨灾保险制度包括佛罗里达飓风巨灾基金（FHCF）和居民财产保险公司（CPIC）。FHCF 和 CPIC 是佛州政府直接参与的保险机构，覆盖飓风灾害。FHCF 提供再保险，CPIC 提供直接保险，两者共同为佛州的财产提供保障。

2. 中国巨灾保险现状

2008 年，汶川地震和南方低温雨雪冰冻灾害两次巨灾给政府带来的较大损失让中国政府开始高度重视建立巨灾保险相关制度。从 2014 年起，巨灾保险在 15 个省市开展试点，主要以政府出资、保险公司联合承保的方式运行，保障范围也逐步向台风、洪水等灾害扩展，形成综合性的风险解决方案。据统计，2012 年北京"7·21"特大暴雨，保险业累计赔付 16.2 亿元，占直接经济损失的 13.9%；2013 年"菲特"台风，保险业累计赔付超 64 亿元，占直接经济损失的 10% 以上；2021 年河南强降雨，保险业预计赔付超 124 亿元，占直接经济损失的比例超过了 11%⊖。然而由于政策、资金、产品等原因，中国巨灾保险的发展仍存在一些短板。例如，多灾因的保险保障还不够完善；触发理赔有一定门槛；保障区域不够平衡；保险覆盖还不全面，巨灾保险在巨灾风险管理体系中的作用发挥还不充分等。

7.1.5　气候保险的作用

随着气候的持续变化，未来预计会出现更多极端天气和灾害损失。气候保险有助于减少灾害造成的灾难性影响，促进及时的恢复，并支持可持续的、具备气候复原能力的发展。气候变化所带来的损失和破坏可能限制发展，并且可能导致疾病发生率上升，进一步加剧贫困。地区的贫困与其脆弱性密切相关，因为这些地区缺乏应对气候风险所需的资源，因此对气候变化的适应能力较低。同时，每次极端天气事件都会进一步削弱这些地区的资源，进一步加深了贫困问题。气候保险通过赔偿极端天气事件造成的损失，有助于打破这种贫困和脆弱性的恶性循环，提高人们管理气候风险的能力，并通过在人们之间和跨时间传播来减轻气候风险的能力，从而显著降低他们的脆弱性，并促进他们的长期社会和经济福祉。

同时，在国家和地方层面，保险有助于创造一个确定性的环境，从而促

⊖　魏思佳，韩迪，王一鸣. 覆盖 31 个省保障 5.7 亿人——自然灾害民生保险崭露头角［J］. 中国应急管理，2023，（8）：8–12.

进投资和规划。最重要的是，保险为恢复生计和重建提供了可靠和及时的财政支持，从而在灾后提供安全保障。

7.2　气候债券

作为绿色金融的先锋，气候债券是应对气候变化的有力武器。气候债券通过资金引导，助力低碳转型，强化气候适应，为全球可持续发展注入强劲动力。本节聚焦气候债券这一金融创新工具，剖析其在促进绿色低碳发展中发挥的作用，并阐述了全球与中国气候债券市场的最新进展。

7.2.1　气候债券的概念与分类

气候债券是一种金融工具，旨在筹集资金用于气候变化相关项目或项目组合。这些项目可能包括减少温室气体排放、适应气候变化、发展清洁能源等。气候债券通常由政府、金融机构或企业发行，投资者购买这些债券，其收益用于支持上述项目。

与绿色债券相比，气候债券更加专注于应对气候变化的具体行动，国际气候债券组织制定的标准中列举了八大类的绿色项目及相应评估认证标准，其中包括太阳能、风能、地热能、水电、潮汐、农业用地等子项；而绿色债券则涵盖了环境保护领域的各种项目。虽然绿色债券也可以用于支持气候变化相关项目，但其范围有所不同，包括能源效率、可再生能源、废物管理等多个方面。

因此，气候债券可视为绿色金融领域的一个特定分支，专注于气候变化的解决方案。

1.《气候债券标准》

《气候债券标准》由气候债券倡议组织（Climate Bonds Initiative，CBI）制定，提供了一系列指导文件，为绿色债券市场的各个参与者提供帮助。《气候债券标准》中列举了八大类绿色项目，每一类绿色项目又进一步细分为若干项目类型，包括能源、交通、水资源、建筑、土地利用和海洋资源、工业、废弃物管理和污染防治、信息通信技术。目前，气候债券组织针对部分项目已经制定了相应的评估认证标准，其中包括太阳能、风能、地热能、轨道交通、居民建筑等 11 个子项。

目前全世界范围内有 26 个证券交易所已推出专用绿色债券或可持续债券部分的证券交易所[⊖]，具体内容如表 7-2 所示。

表 7-2　全球推出专用绿色、可持续、社会债券的证券交易所名单

证券交易所	类型	发行时间
奥斯陆证券交易所	绿色债券	2015.1
斯德哥尔摩证券交易所	可持续发展债券	2015.6
伦敦证券交易所	可持续发展债券	2015.7
上海证券交易所	绿色债券	2016.3
墨西哥证券交易所	绿色债券	2016.8
卢森堡证券交易所	卢森堡绿色交易	2016.9
约翰内斯堡证券交易所	绿色债券	2017.1
意大利证券交易所	绿色债券和社会债券	2017.3
日本交易所集团	绿色债券和社会债券	2018.1
维也纳证券交易所	绿色债券和社会债券	2018.3
纳斯达克（多个证券交易所）	可持续发展债券	2018.5
西班牙证券市场公司	绿色债券、可持续发展债券和社会债券	2018.5
瑞士证券交易所	绿色债券和社会债券	2018.7
国际证券交易所	可持续发展债券	2018.11
法兰克福证券交易所	绿色债券	2018.11
尼日利亚证券交易所	可持续发展债券	2019.1
孟买证券交易所	绿色债券	2019.6
圣地亚哥证券交易所	绿色债券和社会债券	2019.7
阿根廷证券交易所 BYMA	绿色债券、可持续发展债券和社会债券	2019.9
巴西证券交易所	绿色债券	2019.9

⊖ Green Bond Segments on Stock Exchanges.

（续）

证券交易所	类型	发行时间
泛欧证券交易所（多个证券交易所）	绿色债券、可持续发展债券和社会债券	2019.11
香港交易所	绿色债券、可持续发展债券和社会债券	2020.6
韩国交易所	绿色债券、可持续发展债券和社会债券	2020.6
多伦多证券交易所	可持续发展债券	2020.11
新加坡证券交易所	绿色债券、可持续发展债券和社会债券	2022.8

资料来源：CBI。

CBI 的数据显示，目前全球已有 30 种不同的货币发行的债券被认证为气候债券，发行气候债券的主体共有 652 家主体，其中发行以美元为单位的债券 643 只，其次是以欧元为结算单位的债券 128 只，以人民币为结算单位的债券 89 只。目前全球范围内气候债券发行量占比如图 7-1 所示。

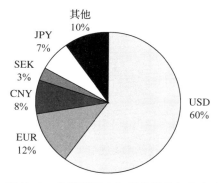

图 7-1　全球范围内气候债券发行量占比

数据来源：CBI。

2. 气候债券的分类

气候债券分类法是气候调整资产和项目的指南，该方案识别了实现低碳和气候适应性经济所需的资产和项目，符合《巴黎协定》所设定的全球变暖 2℃目标。该分类法基于最新的气候科学，包括政府间气候变化专门委员会和国际能源署的研究，集合了来自世界各地的数百名技术专家的经验。任何组织和机构都可以用此分类法来识别与 2℃目标兼容的资产、活动及相关金融工具。

气候债券分类法于 2013 年首次发布，根据最新的气候科学、新技术的出现和特定部门的标准不断定期更新。目前将气候债券分为八类，具体内容如表 7-3 所示。

表 7-3 CBI气候债券分类

气候债券分类	细分类别	举例
能源	电力和热力生产	太阳能、风能、地热能、生物质能等
	传输、分配和储能	传输和分配、储能
交通	客运、货运及配套基础设施	私人交通、公共客运交通、货运公路、货运铁路等
水资源	供应管理和废水处理	水利基础设施等
建筑	商业、住宅及能效	建筑等
	城市发展	建筑环境、城市规划等
土地利用和海洋资源	农业、畜牧业、水产养殖业和海产品	农业（包括混合用途生产系统）、商业林地、自然生态系统保护和恢复、渔业等
工业	工业和能源密集型工艺	燃料生产等
废弃物管理和污染防治	回收、利用及其他废弃物管理	污水、废弃物储存、再利用、回收、废转能等
信息通信技术	网络、管理和通信工具	宽带网络、信息技术方案等

资料来源：CBI。

7.2.2 全球气候债券市场

符合气候债券标准的债券可以被认证为"气候债券"，该认证保证了这些证券对低碳和气候适应经济做出的贡献。为获得"气候债券认证"审批盖章，债券发行人必须任命一个第三方审核者，让审核者就债券是否满足气候债券标准的环境和财务要求提供一份保证报告。气候债券标准委员会将为气候债券认证做最后的确认。债券在发行前取得认证后发行人被允许在债券营销和投资者宣传中使用气候债券认证标志。在债券发行以及债券募集资金开始分配后，发行人必须获取第三方审核保证报告并上交给气候债券标准委员会，以保证债券仍然符合认证标准。

截至目前，CBI 注册认可的评估认证机构总数达到 63 家，主要分为以下四类：第一类是专业的绿色项目认证机构，如 DNV-GL、Sustainalytic、Atelier Ten、商道融绿、CQC、绿融等，它们致力于为绿色项目提供专业认证服务。第二类是学术机构，包括 VigeoEiris、挪威奥斯陆国际气候和环境研究中心（CICERO）、NSF Sustainability 等，这些机构在提供评估认证方面具有学术背景和专业知识。第三类是绿色鉴证审计机构，如安永、普华永道、德勤、毕马威等，它们专门提供鉴证服务，确保项目符合绿色标准和认证要求。第四类是绿色评级机构，包括 Oekom Research AG、东方金诚等，它们致力于对绿色项目进行评级，为投资者提供可靠的参考信息。这些机构的多元性和专业性共同构成了 CBI 认可的评估认证网络。

根据 CBI 数据库可知，截止至 2024 年 2 月，近三个月内全球绿色债券发行总量为 959 只，其中被认证为 CBI 气候债券的总量为 50 只，占比为 5.21%。

✉ **小案例**

气候债券相关案例⊖

欧洲投资银行于 2007 年首次发行了世界上第一只气候意识债券（CAB），标志着全球气候债券市场的开端。这种债券的创新设计使其成为绿色债券领域的先驱，募集的资金用于支持可再生能源或能源效率项目。气候意识债券的首次发行规模达到 6 亿欧元，期限为 5 年，面值为 100 欧元，属于零息债券，除了保证本金和到期赎回金额均为 100 欧元外，还设定了额外收益机制。这种额外收益与良好环保领袖欧洲 40 指数的表现挂钩，确保了至少 5% 的回报率。同时，如果额外收益超过债券面值的 25%，投资者可选择用于购买或废除相

⊖ 刘慧心，崔莹.气候债券产品创新的国内外经验借鉴［J］.团结，2022，（2）：42-44，47.

应金额的碳配额，从而加强碳市场的减排效益。这种创新设计将投资者的回报与环境友好型企业的潜在价值增长相结合，为投资者提供了稳定的固定收益，同时享受环保领域的投资潜力。

自首次发行气候意识债券以来，欧洲投资银行在绿色债券市场上发挥着关键作用，不仅成为发行规模最大的多边开发银行，还在推动国际绿色债券市场的发展和创新方面发挥着领导作用。截至2020年，欧洲投资银行累计发行的气候意识债券规模已超过337亿欧元，覆盖多个货币，资金投向了全球各地的气候项目。其中，近40%的资金用于交通和仓储项目，38%的资金用于电力、气体、汽车和空调供应项目，对全球气候变化应对工作做出了重大贡献。欧洲投资银行的成功实践为其他发行方提供了示范和引导，促进了绿色债券市场的不断发展与壮大。

2019年9月，欧洲复兴开发银行（EBRD）发行了全球首单气候韧性债券，为资助全球气候韧性项目建设做出了创新实践。这种债券主要用于支持符合CBI《气候韧性原则》的适应类项目，募集资金7亿美元。首单气候韧性债券由法国巴黎银行、高盛集团、瑞典北欧斯安银行联合承销，吸引了来自15个国家的约40位投资者参与认购。

气候韧性债券的募集资金主要投向摩洛哥、阿尔巴尼亚等欠发达国家，通过建设气候韧性基础设施、农业水利工程、发电站现代化改造等措施提升这些地区的整体气候适应能力。其中，90%的资金投入基础设施领域。这种债券融资模式具有长期性和规模性的优势，更便于满足基础设施建设的长周期特点。

举例来说，阿尔巴尼亚的KESH项目通过资金支持优化当地能源基础设施，增强其长期的可持续发展能力。EBRD通过发行气候韧性债券为该企业提供了价值2.18亿欧元的长期主权担保贷款，支持企业的重组和改革，降低了融资成本，增加了流动性。这种支持使得企业能够专注于设备维护和长期投资，加强企业管理和经营效率，提高电力系统未来对环境的适应能力。

针对债券存续期管理，EBRD制定了完整的监管机制，对资金流向进行规范监督、报告和审查。每季度对资金使用情况进行报告，公开部分内容按照产业和国家进行分类报告，确保项目符合相关规则标准。这种气候韧性债券的发行为全球气候韧性项目的融资提供了新的途径，同时也确保了资金使用的透明度和合规性。

7.2.3　中国气候债券市场

随着中国气候债券认证逐步开展，国内有越来越多的认证机构加入气候债券倡议组织，成为 CBI 认可的气候债券认证机构，目前中国可用于验证 CBI 注册认可的评估认证机构共有 11 家，可对企业的收益和资产进行评估认证。早在 2021 年 12 月，CTI 华测检测认证就正式通过 CBI 气候债券标准委员会审核，成为 CBI 认可的气候债券认证机构。CTI 华测检测认证为绿色债券及气候债券发行人提供发行前认证审验、发行后持续信息披露及审验等专业服务。

✉ 小案例

气候债券相关案例

2016 年，中央国债登记结算有限责任公司、中节能咨询公司和 CBI 合作编制了中债中国气候相关指数，该指数是全球首个气候相关指数，能够识别出国内广泛用于支持低碳和气候适应型基础设施的固定收益投资。该指数共有债券 210 只，这些债券主要集中于交通运输领域，占发行总量的 91%，而能源领域仅占 1%。其中债券的最大发行人是中国铁路总公司，指数总体规模为 1.3 万亿元，平均票面利率为 4.88%，平均期限为 7.14 年。

2021 年 4 月 4 日，CBI 宣布，国家能源集团国电电力发行的 2021 年度第一期绿色中期票据，经第三方机构绿融（北京）投资服务有限公司依据气候债券标准核查，被正式认证为气候债券。该债券成为国内首号国际认证气候债券，也是国内市场非金融机构发行的首只国际国内双标认证碳中和债券。此次发行的碳中和债券是当前绿色金融环境下的重要探索，债券成功获得双认证，是国际标准与国内标准在运用绿色金融推动碳达峰、碳中和与应对气候变化领域达成的重要共识。

CBI 的数据显示，截至 2024 年 2 月，近 3 个月内中国发行了 141 只绿色债券，其中仅有 1 只绿色债券被认证为气候债券，该债券是来自于巴克莱银行发行的 1.2 亿元的气候债券，由 ISS ESG 进行认证。

7.2.4　气候债券的影响

气候债券是一种与气候变化解决方案相关的金融工具，旨在为气候相关项目筹集资金，如温室气体减排或气候适应项目。这些债券由政府、跨国银行或公司发行，承诺在一定时间内偿还并提供固定或可变回报率。大多数气候债券使用回报债券，将资金用于特定气候相关项目或资产，如可再生能源工厂。债券类型包括项目债券、资产支持证券和担保债券。与 19 世纪的铁路债券等主题债券类似，气候债券旨在吸引机构资本投资于对其利益相关者具有政治重要性的领域，并为政府提供减缓气候变化的手段。虽然它们主要作为常规债务工具，但这些工具可以在固定收益市场的所有层面发行，为气候变化解决方案提供了重要的资金来源。

气候债券在应对气候变化方面发挥着重要作用。这些债券是一种固定收益金融工具，旨在为气候变化解决方案筹集资金，包括缓解和适应相关项目。从欧洲投资银行发行的首只气候意识债券，到欧洲复兴开发银行的气候韧性债券，各种类型的气候债券都在不同领域展现了作用。

首先，气候债券为气候友好型项目提供了资金支持。例如，欧洲投资银行发行的气候意识债券用于支持可再生能源和能源效率项目，为这些项目提供了重要的资金来源。这种债券形式不仅为企业融资提供了便利，也为投资者提供了投资气候友好型项目的机会。

以农业为例，农业在应对气候变化方面起着关键作用，但其资金需求与公共减排资金的不平衡现象明显。为解决这一问题，气候债券认证成为促进农业可持续发展和应对气候挑战的重要机制。该认证通过科学框架定义和筛选项目、资产和活动，有助于吸引更多资金流入农业领域。同时，发行认证气候债券还能向市场证明支持项目符合行业最佳实践，提高发行人的声誉和收益水平。此举还有助于多元化投资者、提升投资者参与度和"黏性"。气候债券农业标准的制定通过技术工作组和行业工作组的共同努力，为全球农业领域的低碳投融资提供了指导和支持，促进了农业可持续发展和应对气候变化的工作。

其次，气候债券创新了收益机制，将债券利率与企业的碳收益相挂钩。这种设计鼓励了企业采取更多的碳减排行动，同时确保了投资者的利益。例如，中广核风电发行的"碳债券"利率与企业的碳收益挂钩，使得投资者可以分享到碳收益带来的回报，从而增加了投资者对气候友好型项目的兴趣。

此外，气候债券还为气候适应项目提供了资金支持。欧洲复兴开发银行发行的气候韧性债券用于支持适应气候变化的项目，如气候韧性基础设施建设和农业水利工程。这种债券形式为欠发达国家提升整体气候适应能力提供了重要资金来源，促进了这些地区的可持续发展。

综上所述，气候债券在推动气候变化解决方案方面发挥着重要作用。通过为气候友好型和气候适应项目提供资金支持，创新收益机制，以及促进气候变化相关行动，气候债券为应对气候变化提供了重要的金融支持，同时也为投资者提供了多样化的投资选择。

7.3 气候贷款

作为一种专项融资工具，气候贷款专注于支持对环境有积极影响的绿色项目，通过明确资金用途、环境效益评估及遵循国际原则，促进可持续发展。当前，气候贷款正成为全球推动碳中和目标、增强适应能力和引导资本流向绿色经济的核心力量。本节旨在通过深入探讨气候贷款，全面展现其在全球，特别是中国市场的实际应用与最新进展，并揭示其如何在实践层面助力绿色转型。

7.3.1　气候贷款的概念与分类

绿色贷款是专门用于支持绿色项目的贷款工具，符合绿色贷款原则的核心要素，旨在将借款人的收益专门用于资助对环境目标做出重大贡献的项目。类似于绿色债券，绿色贷款也用于筹集符合条件的绿色项目所需的资金，但它通常以贷款形式提供，规模较小，并在私人业务中完成。绿色贷款遵循国际资本市场协会的绿色贷款原则，确保100%的收益只用于符合绿色条件的活动。

其特点包括对贷款资金用途的明确界定，必须用于绿色项目的融资、再融资或担保，并在财务文件和融资材料中进行适当描述。借款人应明确提供绿色项目的环境效益，并在可能的情况下进行量化评估。如果部分资金用于再融资，借款人应提供融资与再融资的估计比例，并指明哪些投资或项目可以再融资。绿色贷款可以以一笔或多笔贷款形式发放，包括定期贷款、循环信贷和投融资。总而言之，绿色贷款通过明确的资金用途和环境效益评估，促进了可持续发展和绿色经济的推进[⊖]。

绿色贷款的贷款结构还要符合收益管理的监督和报告的完整性。国际金融公司等机构已采用这些原则，并与客户合作推动绿色项目的融资。尽管发展中国家目前在绿色贷款市场中的份额较小，但市场增长迅速，未来将为全球环境目标的实现提供重要支持。

7.3.2　全球气候贷款市场

国际绿色贷款是国际金融公司在其战略支柱中的重要组成部分，旨在促进环境可持续性和应对气候变化。通过采用绿色贷款原则，国际金融公司协助客户吸引额外资金，为环境目标做出重大贡献。这些贷款的用途经过独立第二方意见评估，确保符合绿色贷款原则（GLP）列出的合格活动和科学信息。与客户合作制定绿色金融框架，明确了收益的使用情况，进而将资金仅分配给符

　　⊖　安国俊，陈泽南，梅德文."双碳"目标下气候投融资最优路径探讨［J］.南方金融，2022（2）：3–17.

合条件的绿色项目。

GLP 是为了促进环境可持续发展而制定的一项指导性框架。这些原则旨在确保绿色贷款的使用符合环境友好标准,并为借款人和投资者提供透明度和可靠性。GLP 承认了一系列绿色项目类别,如可再生能源、能源效率、污染预防和控制等,这些类别涵盖了绿色贷款市场支持的常见项目类型,旨在实现环境可持续目标。借款人需要与贷款人明确沟通绿色项目的环境可持续性目标,并提供如何识别和管理环境和社会风险的补充信息。此外,借款人应将这些信息置于与环境可持续性相关的总体目标、战略和政策的背景下,并提供与绿色标准或认证的一致性相关信息。绿色贷款的资金应明确标记,并记录在专用账户或由借款人以适当方式进行跟踪,以确保透明度和产品完整性。收益可以按每笔贷款进行管理或对多笔贷款进行汇总管理。借款人应随时提供有关收益使用情况的信息,并每年更新一次,直至绿色贷款完全提取或到期。GLP 鼓励使用定性和定量绩效指标,并披露关键的方法和假设,以确保透明度和可比性。通过遵循这些原则,借款人和投资者可以确保其资金用于支持具有积极环境影响的项目,从而推动全球的可持续发展。

国际金融公司正在与全球各地的合作伙伴合作,支持多个领域的绿色贷款项目。其中包括墨西哥的太阳能发电项目、巴西的能源多样化项目、南非的生物质和可再生能源项目,以及罗马尼亚零售房地产行业的项目。这些项目旨在推动可持续性发展,并为各国经济的复苏和转型提供支持。

国际金融公司致力于在 2021—2025 年将其与气候相关的投资增长到其自有账户长期承诺额的年平均 35%。通过持续的努力和合作,国际绿色贷款将继续为全球环境和经济的可持续发展做出积极贡献。

绿色汽车消费贷款是银行为鼓励消费者购买新能源与高效汽车,实现节能减排目标而提供的贷款产品。在这方面,各国银行纷纷推出了针对个人购买高能效汽车的优惠利率贷款,例如,本迪戈银行提供担保的绿色个人汽车贷款,适用于每公里二氧化碳排放量小于 130 克的 "A" 级车辆,并提供固定利率和在线能源认证顾问;澳大利亚银行汽车贷款针对符合低排放车辆标准的车辆，免除设施费并提供利率折扣。

另外，绿色能效贷款主要针对个人、家庭、小微企业购买绿色环保和高能效设备，主要应用于小型分布式能源设备、绿色照明或空调设备、交通运输企业的节能技术设备等。美国新能源银行和花旗银行分别推出了"一站式融资"项目和太阳能技术融资服务，为用户提供融资支持和便捷的购买安装服务。

7.3.3 中国气候贷款市场

在中国，气候投融资的需求日益增加。据国家气候战略中心预测，到2060年，中国新增气候领域投资需求规模将达到139万亿元。这一需求的催生源于气候风险对金融稳定的威胁，以及实现国家碳中和目标所需的巨额投资。因此，政府部门、金融机构和企业要共同努力，以应对这一挑战。

为了推动气候投融资的发展，中国已经采取了一系列政策措施。2021年12月，生态环境部等九部门联合发布了《关于开展气候投融资试点工作的通知》。之后确定了23个地方入选气候投融资试点。该通知决定开展气候投融资试点工作，鼓励试点地方积极参与全国碳市场建设，并推动碳金融产品的开发与对接。生态环境部将支持试点地方建立工作协调机制，培育重点项目，加强碳排放数据监管，促进国际交流与合作。通过3~5年的努力，探索气候投融资发展模式，助力实现碳达峰、碳中和目标。

金融机构在气候投融资中扮演着关键角色。中国银行保险监督委员会公布的数据显示，我国21家主要银行机构85%以上的绿色贷款与气候融资相关，2022年绿色贷款余额超过22万亿元。它们需要积极开展投融资的碳核算，包括对贷款和投资产生的温室气体排放进行评估。此外，金融机构还可以利用金融杠杆，提高资金使用效率，例如，通过探索企业碳排放权的抵押等方式，来支持气候友好型企业的发展。

政府在推进气候贷款方面发挥了重要作用。首先，政府明确了气候投融资的重要性，通过发布文件和政策文件，为气候投融资提供了指导和规范。例如，生态环境部等部门联合发布《关于开展气候投融资试点工作的通知》和《气候投融资试点工作方案》，为试点工作提供了方向和指引。其次，政府在试点地方开展了具体的推动工作。在深圳等地，政府与金融机构合作，为气候友好型项目提供了贷款支持，降低了企业的融资成本，促进了项目的落地和发展。同时，政府还加强了监管和指导，建立了气候投融资相关的标准体系，推动金融机构和企业加强环境信息披露，增强了社会对气候投融资的信心和认可。最后，政府积极引导社会资本参与气候投融资项目，搭建了平台，强化了合作，推动了绿色低碳转型。

✉ **小案例**

气候贷款相关案例

在 2022 年 9 月，浙江省温州市卓森电气有限公司成功获得中国工商银行乐清支行的 200 万元"气候共富贷"，成为浙江首个工业"气候贷"案例。该贷款将用于高精尖设备采购和产品迭代升级，支持企业绿色低碳发展。此举符合《国家适应气候变化战略 2035》的要求，旨在防范气候变化相关金融风险，支持气候适应融资。乐清市气象局与温州银保监分局联合推动了该项目，通过气候评分对贷款利率进行差异化优惠，提高了气候友好型企业的融资获得机会。卓森公司获得 88 分的气候评分，享受 4.0% 的利率优惠，展示了"气象＋信贷"绿色融合产品的成熟与实用性。随着"气候贷"在线申报办理平台的建设，未来将为企业提供更便利的融资服务，助力绿色低碳发展的步伐。

2023 年 11 月，中国建设银行广东省分行为粤港澳大湾区气候投融资项目"巨湾技研新能源汽车锂电池生产基地"发放的 1 亿元"绿色气候贷"成功落地。广州巨湾技研有限公司计划在广州南沙投产新能源汽车锂电池生产基地项目，总体规划产能将达到 8GWh。该项目达产后可为 10 万辆轿车提供动力电池，预计将为交通领域减少 80 亿吨碳排放。为了支持这一重大项目，中国建设银行广东省分行为企业制定了全面的综合金融服务方案，并推出了"绿色气候贷"，及时解决项目工程款支付问题，加快项目建设工程进度。"绿色气候贷"能够为粤港澳大湾区气候投融资项目库企业提供专项贷款支持，同时库内企业经第三方认证后能够申请 50% 利息补贴、第三方认证费用补贴等政策优惠。

7.3.4　气候贷款的作用

气候融资在应对气候变化中扮演关键角色。它通过资金投入支持减缓气候变化的措施，如清洁能源项目和碳排放减少技术，同时促进社会适应能力的提升。此外，气候融资还推动碳中和目标的实现，推动经济转型为绿色和可持续发展。通过降低气候风险，包括建设抗灾基础设施和发展气候保险，气候融资有助于减少气候变化对经济和社会的影响。最重要的是，气候融资促进国际合作，支持发展中国家应对气候挑战，实现全球可持续发展目标。

✉ **小案例**

气候贷款相关案例

以浙江省瑞安市为例，瑞安市首先将气候生态指标纳入农业贷款信用评价，让气候贷款能够为农户提供低利息率、准入门槛低、手续简便的贷款服务，最大程度降低了农户的融资成本，受到了农户的认可和好评。其次，气候贷款提供了重大灾害天气来临前的精准服务，推动了气象保险服务从事后理赔向事前风险防范的延伸，为农户提供了更全面的气象保障服务。此外，瑞安市气象局大力推动气象融入"三位一体"改革，积极开拓气象服务新领域，推动气象助力绿色金融发展，为瑞安市的农村综合合作改革提供了更高质量的气象保障服务，为经济高质量发展提供了重要支持。

通过将气候生态指标纳入农业贷款信用评价，气候贷款能够降低农户的融资成本，提供低利息率、准入门槛低、手续简便的特定贷款服务。此外，气候贷款还提供重大灾害天气来临前的精准服务，推动了气象保险服务从事后理赔向事前风险防范的延伸，为农户提供更全面的气象保障服务。通过这些措施，气候贷款能够帮助农户更好地应对气候变化带来的风险，促进农村经济的可持续发展。

7.4　气候基金

气候基金是一种财政机制，从各种来源汇集资源，以支持气候变化缓解、适应和能力建设项目。气候基金在弥合应对气候变化、促进可持续发展和帮助弱势社区适应气候变化影响所需的资金缺口方面发挥着至关重要的作用。

气候基金通常专注于三个主要目标：缓解、适应和能力建设。缓解项目旨在减少温室气体排放和促进低碳发展，而适应项目则寻求提高社区和生态系统对气候变化影响的复原力。能力建设项目侧重于通过技术援助、机构加强以及气候变化教育和意识来提高国家和组织应对气候变化挑战的能力。

气候基金的主要类型包括公共气候基金、交易市场气候基金。公共气候基金由政府或政府间组织设立，交易市场气候基金是指在证券交易所上市并可以通过证券交易所进行买卖的一类基金，其投资目标主要集中在与气候变化、可持续发展和低碳经济相关的领域。

7.4.1　公共气候基金

公共气候基金指国际上一些支持气候行动的基金或机构，这些基金通常是为了应对气候变化、推动可持续发展而设立的，包括绿色气候基金（Green Climate Fund）、气候投资基金（Climate Investment Funds，CIF）、全球环境基金（Global Environment Fund）等。

1. 绿色气候基金

随着全世界对于气候风险投融资的重视程度不断加深，1991 年，联合国开发署、联合国环境署和世界银行成立了全球环境基金（GEF），自此气候基金开始逐渐发展。直到 2012 年，气候基金逐渐迈入了以绿色气候基金为主的新阶段。

绿色气候基金由《联合国气候变化框架公约》194 个缔约国于 2010 年成立，被设计为公约财务机制的运营实体，总部设在韩国。它由代表各国的 24 名董事会成员组成，并接受公约缔约方会议（COP）的指导，是世界上最大的多边气候基金。该基金由联合国气候变化框架公约创建,通过其资金支持全球各地的气候行动,为减缓和适应气候变化做出了积极贡献,同时关注性别平等和包容性。绿色气候基金特别关注极易受气候变化影响的社会的需求,它将资源分配给发展中国家的低排放和气候适应型项目和计划,特别是最不发达国家(LDC)、小岛屿发展中国家(SIDS)和非洲国家。

截至 2023 年,绿色气候基金已资助了 243 个活动,并批准了 129 个项目,这些项目的融资总额达到 135.1 亿美元,同时吸引了共同融资额高达 383.6 亿美元,使得总融资额达到 518.7 亿美元。这些资金被用于支持全球 29 个国家的气候行动。

绿色气候基金的资助活动主要聚焦于全面缓解和完全适应气候变化。到目前为止,已经实现了 29.5 亿吨二氧化碳当量的全面缓解,同时超过 10 亿人受益于适应措施。这些受益人中近一半为女性,占比高达 49.13%。

绿色气候基金组织数据库显示,截至 2024 年 2 月,全球绿色气候公募基金共有 188 只,其中中大型的基金项目共有 90 只,小微型的基金项目共有 96 只,全球绿色气候公募基金总规模为 135.06 亿美元。联合国开发计划署发行绿色气候公募基金数量最多,共有 22 只,其总规模为 12 亿美元,占比为 8.88%。

全球范围内的私募基金共有 55 只,其中中大型的基金项目共有 43 只,占总私募基金的 78.18%,全球绿色气候私募基金的总规模为 45.99 亿美元。非洲开发银行共发行了绿色气候私募基金数量最多,共有 6 只,总规模为 4.57 亿美元,占比为 9.93%。

2. 气候投资基金

气候投资基金是中低收入经济体开创性气候智能规划和气候行动的推动者,其中许多经济体准备最少,但最容易应对气候变化的挑战。气候投资基金是多边基金,包括清洁技术基金(CTF)和战略气候基金(SCF)。气候投资基金以大规模、低成本和长期的金融解决方案来应对全球气候危机,以支持各国实现其气候目标。这些基金由世界银行和区域开发银行管理,并支持可再生能源、能源效率和气候复原力等领域的项目。

气候投资基金的核心信念是，帮助社区更快地转向清洁和绿色做法，可以加强人口对气候风险的复原力，稳定国家和区域经济，并为没有人被落下的更可持续发展铺平道路。

气候投资基金筹集的资金使政府、社会、人民、私营部门和多边开发银行能够共同努力，共同实现更公平的未来愿景，使包括妇女和青年在内的最易受气候变化影响的人平等代表气候领袖和决策者。截至 2024 年 3 月，气候投资基金已资助了 444 个活动，其中有 121 个私营部门发起的项目。

3. 全球环境基金

全球环境基金包含一系列基金，专注于应对生物多样性丧失、气候变化、污染以及土地和海洋健康的压力。其资金来源包括赠款、混合融资和政策支持，旨在帮助发展中国家解决其环境优先事项，并遵守国际环境公约。在过去的 30 年里，全球环境基金为 5700 个国家和区域项目提供了超过 240 亿美元，并筹集了 1380 亿美元的共同融资。

全球环境基金的资金可用于支持发展中国家实现国际环境协定目标，涵盖政府机构、民间社会组织、私营部门公司、研究机构等多方面的合作伙伴。除了支持环境保护、保护和更新相关的项目和计划外，全球环境基金还在吸引商业和促进私营部门投资方面有着悠久的历史。

近年来，全球环境基金正在转向更全面的方法，试图将私营部门参与纳入其重点领域战略和综合方法。为实现这一目标，全球环境基金采取了五种不同的干预措施，包括非赠款试点计划，支持创新的融资模式。这包括改变政策和监管环境、部署创新的金融工具、召集多利益攸关方联盟、加强机构能力和决策以及展示创新方法。

在全球环境基金第七期项目中，全球环境基金与私营部门的合作主要基于两大支柱：扩大非赠款工具的使用和动员私营部门作为市场转型的代理人。通过提供更多获得非赠款工具的机会，全球环境基金试图加速私营部门参与其项目。此外，全球环境基金还将混合融资的信封扩大到 1.36 亿美元，以更好地促进私营部门的参与。这一战略的目标是增加自然资源管理领域项目的数量，并在全球环境领域取得更大的影响。

4. 中国清洁发展机制基金

中国一贯重视气候变化问题，除了国际流入的资金外，中国国内通过直接赠款、以奖代补、税收减免、政策型基金、投资国有资产等形式投向气候变化领域，支持了大量的应对气候变化行动，并带动了社会资金的投入。

中国清洁发展机制基金是由国家批准设立的按照社会型基金模式管理的政策型公共基金，是中国参与全球气候变化资金治理的一项重要成果。该资金的主要来源为通过清洁发展机制（CDM）项目转让温室气体减排量所获得收入中属于国家所有的部分。基金的资金使用包括赠款和有偿使用等方式，其中赠款主要支持了各级应对气候变化相关的政策研究、能力建设和宣传，而有偿使用主要支持了低碳产业活动和商业项目。截至 2024 年 2 月，基金已累计安排 11.25 亿元赠款资金，支持了 522 个赠款项目，并已审核通过了 210 个有偿项目，覆盖全国 25 个省（自治区、直辖市），安排贷款资金累计达到 130.36 亿元，撬动社会资金 640.43 亿元。

7.4.2　交易市场气候基金

本节致力于分析交易市场气候基金的发展现状和市场表现，将主要从国际和国内两个角度出发加以阐述说明。

1. 全球交易市场气候基金

从全球气候指数的市场表现来看，2023 年度全球交易市场气候基金股票指数表现良好，年度收益呈现积极的增长趋势。

图 7-2 展示了 2023 年 iShares MSCI 巴黎协定全球气候 ETF 基金（WPAD）与 MSCI 巴黎协定全球气候指数的表现对比。在初始投资 10000 美元的情况下，WPAD 于 2023 年增长至 12553.31 美元，增幅为 25.53%，而基准指数增长至 12528.37 美元，增幅 25.28%。两者走势相似，年末均实现显著

增长，显示出了全球气候主题基金在 2023 年的良好表现。

图 7-2 iShares MSCI 巴黎协定全球气候 ETF 基金与 MSCI 巴黎协定全球
气候指数年收益对比图

资料来源：iShares 数据。

该 ETF 的目标是提供与 MSCI World Climate Paris Aligned Index（USD）的表现相匹配的投资结果。该指数是一种环境友好型指数，其构建方法旨在促进气候变化问题的应对和环保措施。因此，该 ETF 投资于一系列符合环保标准和《巴黎协定》目标的公司股票。

投资者可以通过购买 iShares MSCI World Paris-Aligned Climate UCITS ETF 的股票，间接持有该 ETF 所跟踪的指数中的成分股。这种投资方式使投资者能够参与到环保和气候变化应对的投资中，同时获得全球股票市场的投资收益。

2. 中国交易市场气候基金

如表 7-4 所示，截至 2024 年 2 月，中国基金目前带有"气候"字样的基金共有 5 只，基金规模仅有 2.3 亿元，未来还有很大发展前景。

表 7-4　国内 5 只气候基金

基金代码	基金名称	基金类型	规模	成立时间
011147/011146	创金合信气候变化责任投资股票 C/ 创金合信气候变化责任投资股票 A	股票型基金	1.23 亿元	2020
018681/016635	国联安气候变化混合 C/ 国联安气候变化混合 A	混合型基金	1.07 亿元	2022
017427	农银 MSCI 中国 A 股气候变化指数	指数型基金	认购中	2024

资料来源：天天基金网。

7.4.3　气候基金的作用

本节致力于分析气候基金的作用，将主要从公共气候基金和交易市场气候基金两个方面加以阐述说明。

1. 公共气候基金

公共气候基金组织为企业提供了关键的金融和技术支持，推动了企业在气候行动中的积极参与，助力其实施低碳和气候适应性项目。企业通过获取资金，能够推动清洁能源、能效改进等领域的创新性项目，降低碳排放，提高对气候变化的适应水平。

其次，公共气候基金的介入有助于推动清洁技术的创新和采用。通过资助创新性项目，这些基金促使企业采用更环保、可持续的技术和解决方案，引导产业向更可持续的方向发展。这些基金还与可持续发展目标和国际环境协议保持一致，通过资助符合全球发展目标的项目，鼓励企业更好地履行社会责任，提高企业的可持续性和社会影响力。同时通过提供资金和技术援助，这些基金减轻了企业在低碳经济过渡中可能面临的财务和技术难题，鼓励更多企业积极参与气候行动。

最后，公共气候基金鼓励私人部门投资，通过设立激励措施和合作机制，引导私人资本向低碳、可持续发展的方向投资。这不仅促使企业更积极地参与气候行动，也推动了全球气候治理的进一步合作。

2. 交易市场气候基金

气候基金 ETF 为企业提供了一种全面的、可持续的投资途径，有助于降低气候风险、推动清洁技术创新，并在资本市场中取得良好的声誉。首先，通过投资气候基金 ETF，企业能够实现投资组合的多元化。这类 ETF 通常包含多个气候相关行业，如可再生能源、能效技术、清洁交通等。这种多元化的投资帮助企业降低对特定行业或资产的风险，同时提高整体回报。其次，气候基金 ETF 支持清洁技术的创新。ETF 中的企业往往致力于开发创新性的低碳技术，通过投资这些 ETF，企业能够在推动行业创新的同时降低自身的气候风险。

此外，许多气候基金 ETF 在选择投资标的时会考虑 ESG 标准。企业通过投资这类基金，有助于引入符合可持续发展和社会责任的标的，提升企业的 ESG 表现。一些气候基金 ETF 还涉及碳市场和碳信用的交易。企业通过投资这类 ETF，可以参与碳市场，获得碳信用，并实现碳中和或盈利，从而有效降低碳风险。在应对气候变化方面，一部分气候基金 ETF 关注气候适应性项目，如水资源管理、防洪措施等。投资这些 ETF 有助于提高企业的适应性，减轻潜在的气候相关风险。

最后，投资气候基金 ETF 还能满足投资者对可持续和气候友好投资的需求，提高企业在资本市场的声誉。

7.5 气候衍生品

气候衍生品，特别是天气期货和期权作为金融工具，允许企业通过交易与气候因素（如温度、降雨量）挂钩的合约来对冲天气造成的风险，保护自身免受气候变化带来的经济损失，并在某些情况下从中获利。本节首先概述了气候衍生品的发展的历程和分类。随后对全球和中国气候衍生品市场的现状进行了阐述。目前，全球监管机构正加强对气候风险的监控并制定相应规则，交易所也不断推出创新产品以满足市场需求。作为受天气影响较为显著的国家。

7.5.1 气候衍生品的概述及分类

企业可以通过使用气候衍生品来管理气候变化带来的风险。气候衍生品是一种金融工具，其价值基于与气候相关的基础变量，如温度、降雨量、风速等。这些金融工具使企业能够对冲因气候变化导致的不确定性和潜在财务损失，尤其是那些业务对气候条件特别敏感的企业，如农业、能源、保险和旅游业企业。

气候衍生品诞生于 20 世纪 90 年代末期，部分受到美国能源公司安然的推动。随着气候变化和对能源供应的忧虑加剧，大型公用事业公司等企业开始利用这些合约来规避风险。气候衍生品作为金融产品，包括天气期货和期权，旨在帮助企业规避天气变化对业务的影响或者利用这种变化获利。典型的交易包括某能源公司购买以温度为指数的合同，以防止供暖季节天气变暖导致销量减少的风险。如果在此期间气温高于平均水平，合同的价值将上升，并在结算时产生收益。其他行业也在利用气候衍生品进行风险管理，如滑雪场经营者可以对冲雪量不足的风险，音乐节则可以对冲下雨的风险。通常，在国际市场上，气候衍生品交易的对手通常是大型再保险公司或对冲基金。

市场数据显示，芝加哥商品交易所（CME）的天气期货和期权在 2023 年 1~9 月的未平仓合约量平均是 2022 年同期的 4 倍，是 2019 年的 12 倍。这些未平仓合约量衡量的是尚未结算的期货和期权合约的数量，交易量也在一年内翻了两番。

尽管气候衍生品市场相对于大宗商品市场还很小，但市场参与者普遍认为，随着气候变化加剧，该市场的潜力巨大。然而，市场的增长仍面临一些挑战，包括市场教育和投资者无法直接交易天气指数等。

具体而言，天气期货是一种衍生金融产品，与大宗商品期货的交易原理相同。它采用期货交易形式，以各类天气指数为交易标的。

天气期货最早于 1999 年由美国芝加哥商品交易所引入，后来逐渐发展至包括日本、欧美等多个国家和地区，市场规模和影响力不断提升。与其他期货品种类似，天气期货的交易也是在期货交易所进行的，投资者可以通过期货合约进行买卖，以期从天气指数的价格波动中获取收益。

天气期货的标的物是基于天气指数的货币价值，而非天气指数本身。合约通过现金价格结算，期限一般为 1 个月。主要的天气指数期货包括采暖度日（Heating Degree Days，HDD）和制冷度日（Cooling Degree Days，CDD）等温度指数期货，以及降水量指数期货、降雪量指数期货和风速指数期货等。通过交易天气期货，企业可以将其收入稳定在特定水平，规避天气风险，但无法满足盈利需求。

天气期权赋予期权买方在未来特定日期有权利购买或出售特定的天气指数期货合约。这种期权分为看涨期权和看跌期权两种形式。通常情况下，市场上的天气期权采用欧式期权结构，这意味着一旦到期日到来并且官方发布了天气数据记录，期权合约立即进行结算。

通过购买天气期权，买方可以在未来某一日期根据合约规定的行使价格与实际天气指数之间的差异来获取利润。天气期权的主要目的是对冲自然灾害风险，将这些预测难度大的风险从买方转移到期权的卖方。

天气期权的市场主要参与者包括各种机构和实体，它们可能是农业经营主体、能源公司、保险公司或其他企业，通过购买期权来规避天气变化对其业务造成的不确定性和风险。

7.5.2 全球气候衍生品市场

2015 年，英国央行系统梳理了气候变化影响金融系统的渠道。2017 年，法国央行牵头成立央行与监管机构绿色金融网络，呼吁各国重视并协同应对气候相关金融风险。国际清算银行提出的"绿天鹅"概念得到欧美众多金融机构的认可。具体到衍生品市场，CFTC、欧洲证券和市场管理局（ESMA）等监管机构，纷纷发布报告分析气候风险。CFTC 将气候风险视作"影响美国金融系统稳定的重大风险"。ESMA 则强调，管理气候风险是发展可持续金融的重点。

1. 政府

总体来看，境外监管机构应对气候风险的举措主要有以下五个方面。

第一，监管机构着力于监测评估系统韧性，通过建立完善的风险识别、监控系统，评估市场风险敞口，并在必要时进行气候风险压力测试。这些举措得到了欧盟等多个监管机构的期待和支持，以评估衍生品市场参与者的风险敞口为依据，调整资本金要求等。

第二，监管机构指导市场评估风险，通过出台建议、开展试点等方式，引导市场自我评估气候风险。例如，新加坡金融管理局要求衍生品交易所评估气候风险，并提出开发工具、指标等建议，用于监测和评估气候风险敞口。

第三，监管机构加强市场宣传引导，旨在推动市场各方共同关注气候风险。例如，CFTC 成立了气候风险工作组，负责向市场参与者传播气候风险相关知识，帮助其利用衍生品进行风险管理。此外，CFTC 在会议上强调了对气候相关衍生品的宣传普及，以满足企业风险管理需求。

第四，监管机构致力于建立污染气体、温室气体交易制度，以助力管理气候风险。通过建立碳交易市场等措施，促进市场参与者发现与气候变化相关的商品价格，为管理气候风险提供支持。

第五，监管机构制定了气候风险相关的衍生品监管规则，以规范市场行为并保护投资者权益。例如，CFTC 通过公众征询和相关数据的收集，研究气候风险对监管规则的影响，并根据市场参与者的反馈不断完善监管规定。ESMA 等机构也根据欧盟分类法制定了监管技术标准，以优化气候衍生品的监管方式。

2. 交易所

芝加哥商品交易所于 20 世纪 90 年代推出了保险服务局（ISO）指数期货、美国财产理赔服务中心（PCS）指数期权，以及于 2007 年推出了卡维尔飓风（CHI）指数期货等巨灾衍生品。目前唯一存续的是 CHI 飓风指数期货。与前两个品种相比，CHI 飓风指数期货采用了更为全面的衡量标准，且兼顾了可投资性，期货合约上市后市场反响较为积极，但受飓风季节性因素影响，CHI 飓风指数期货每年挂牌交易时间并不长，且目前部分区域性合约已摘牌。

境外交易所不仅涉足上市气候风险相关衍生品，还积极参与气候相关商品现货市场的建设。举例而言，2005 年，EEX 参与了 EU-ETS 欧盟排放权的现货交易，随后于 2010 年推出了上市的 EUA 期货合约 ⊖。一方面，由于现货市场基础扎实、参与者众多，EUA 期货的推出引起了市场的高度关注，迅速成为全球碳排放权定价的重要指标；另一方面，ICE 通过收购欧洲气候交易所等三家交易所，积极参与碳排放权现货市场的建设。借助欧洲气候交易所 EUA 现货基础，ICE 的 EUA 期货成交量从 2005 年的 9.37 万手增长至 2020 年的 889.20 万手，已成为全球最为活跃的碳排放权衍生品合约之一，同时也是国际碳排放权定价的基准之一。

为减缓金属矿藏过度挖掘对环境的不良影响，2017 年伦敦金属交易所（LME）将金属矿藏可持续开采指标纳入商品实物交割标准。为应对当地农民为增加棕榈油产量而破坏雨林的行为，马来西亚衍生品交易所改进了棕榈油合约的交割流程，要求交割卖方提供有关新增棕榈油生产农场、实际产量等信息，以确保市场参与者不使用与气候风险管理目标相悖的棕榈油，从而实现可持续发展目标。

✉ **小案例**

天气衍生品相关案例

美国经济近 30% 受天气直接影响。为帮助企业规避这一风险，芝加哥商品交易所推出了天气期货和期权产品，为企业提供了在恶劣天气事件中转移风险的工具。芝加哥商品交易所集团于 1999 年 8 月获得 CFTC 批准，推出了以温度指数为基础的采暖度日（HDD）和制冷度日（CDD）期货产品。根据不同国家、地区的天气衍生品特点，芝加哥商品交易所灵活设计合约，推出了温度指数系列产品。温度期货市场规模逐年增长，2020 年名义持仓金额达 7.5 亿

⊖ 李科瑾，王文斌 . 境外衍生品市场气候风险应对启示［N］. 期货日报，2022-01-04.

美元，同比增长 60%。

HDD 和 CDD 是能源行业的标准度量，反映了特定一天平均温度偏离 65 华氏度的程度。HDD 表示商业建筑需要加热的程度，而 CDD 表示需要使用空调的程度。

期货合同的定价基于 HDD 或 CDD 在特定主题月的累积值。例如，月度合同按每月每天记录的 HDD 的累积值进行现金结算。季节性条带合同提供了供暖或制冷季节的交易捆绑的便利，基于季节内 5 个月期间的累积 HDD 或 CDD 值。温度挂钩期货的概念涵盖欧洲，基于冷却季节的累积月平均温度和加热季节的 HDD 读数。

芝加哥商品交易所提供的天气产品包括期货和期权，适用于全球 10 个城市的平均季节性和每月天气，其中 8 个在美国，2 个在欧洲。这些产品的定价基于历史平均值，可能无法完全准确反映对冲成本。

7.5.3 中国气候衍生品市场

Weather Bill 公司公布的数据显示，中国受天气影响的经济价值占全国 GDP 总量的约 45% 左右，同时有一半的人口居住在存在一定天气风险的地区，每年天气风险造成的经济损失可达 2000 亿元以上。因此，中国的气候衍生品市场需求巨大。

自 2002 年以来，大连商品期货交易所一直全面研究气候衍生品，包括理论学习、实地市场考察与测试。2006 年，大连商品期货交易所与东京期货交易所合作共同研究气候衍生品的开发及市场运行，研究重点放在基于温度的气候衍生品合约上。

中国农业面临较大天气风险，气候衍生品的探索和利用将积极促进农业风险管理。随着气候衍生品市场的建立，农业保险公司能够通过市场化方式转移天气风险，减少对国家财政的依赖，为农民提供更稳定的收入。因此，研究和利用气候衍生品不仅有助于规避价格波动带来的风险，还能在不利天气条件下规避农作物产量的风险。

2023 年，中国首例天气衍生品问世，天韧科技（上海）有限公司、中国人寿财产保险股份有限公司广东省分公司和中泰期货股份有限公司联合开发的"水产养殖温度指数保险 + 天气衍生品"项目，帮助水产养殖行业应对高温天气对养殖业的负面影响。该产品通过设置赔款触发值，当气温超过该值时，养殖户即可获得赔款，赔款金额与温度高低成正比。与传统的水产养殖保险相比，触发条件更客观，理赔更简单方便。为进一步降低企业风险，该项目还设计了针对空调经销企业的零成本互换期权合约。这些期权合约可以帮助企业控制风险，一旦出现不利天气条件，期货公司将向企业支付赔款，帮助企业弥补损失。

7.6 碳信用

碳信用（Carbon Credits）是一个非常广泛的概念，通常指通过减少、避免或抵消温室气体排放而产生的一种可交易的凭证，每个碳信用一般代表避免或抵消了一吨 CO_2（或等效的温室气体）排放。碳信用可以来自于各种项目，如再生能源、森林保护和能效提升等。这些信用可以在碳市场上交易，帮助资助减排项目并激励减少全球温室气体排放。它是碳市场中的一种货币化工具。从理论上来说，所有能够降低或控制碳排放的行为都可以生成碳信用，包括但不限于可再生能源项目、能效改进、碳封存、植树造林等。

本节首先对碳信用交易市场、自愿碳市场中的碳信用验证和碳信用标准进行了介绍，随后阐述了全球及中国碳信用市场的相关情况，最后对如何借助碳信用管理气候风险加以分析，有利于企业深入了解碳信用的原则、特征和作用。

7.6.1 碳信用交易市场

碳信用的交易主要发生在碳市场上，这些市场通常被称为碳交易市场。就合规性而言，碳交易市场可分为两种主要类型：合规碳市场（Compliance Carbon Market，CCM）和自愿碳市场（Voluntary Carbon Market，VCM）。

1. 合规碳市场

合规碳市场是受政府监管的碳交易市场，即参与者必须遵守政府设定的规则。在一个典型的合规碳市场中，控制碳排放的核心机制总量控制和交易（Cap-and-Trade），即通过设置温室气体排放总量上限（cap）并分配或出售排放配额（allowances），来控制指定范围内特定行业的温室气体排放量。在这个体系中，一个排放配额允许持有者排放一吨 CO_2（或等效的温室气体）。这些配额可以在企业之间交易，从而形成了一个碳信用市场。受监管的企业必须持有足够的排放配额来覆盖其实际排放量，否则将面临罚款。对于一些企业而言，如果无法减少碳排放，则需要购买碳信用额来抵消其额外的碳排放。交易排放配额，本质上就是通过市场机制为碳排放定价。同时，该机制也激励企业通过减少排放或投资低碳技术来降低成本。

相对于政府对碳进行直接定价，总量控制和交易（Cap-and-Trade）机制有诸多优点。在成本效率方面，该机制允许市场决定最经济的减排方法。企业可以选择最低成本的方式来减少排放，或者购买额外的排放配额来满足其排放需求。这种灵活性确保了以最低的整体成本实现减排目标。在环境效果方面，该机制确保总排放量，通过为碳排放设定总排放上限，确保了环境目标的达成。随着时间的推移，上限可以逐步降低，以达到更长期的环境改善目标。该机制也有助于技术创新。由于减排成本的存在，企业有动力寻找新的减排技术和方法。这种激励可以促进清洁技术的研发和应用，推动经济向更可持续的模式转变。此外，该机制为企业赋予灵活性，企业可以自主选择通过内部减排措施或通过市场购买额外配额来满足减排要求，这提供了高度的灵活性，使企业可以根据自身条件选择最合适的减排策略。该机制也可促进国际合作，在全球范围内，不同国家或地区的排放交易系统可以连接，共同实现全球减排目标。总之，总量控制和交易机制将环境保护的责任和机会交给市场，通过设定明确的环境目标和激励减排创新，为实现温室气体减排提供了有效的框架。

当前，全球的主要合规碳市场包括欧盟碳排放交易体系（EU ETS）、美国加州碳市场、中国碳排放交易系统等。其中，EU ETS 是目前世界上最大的碳市场。另外，不同碳市场的碳价之间可能存在显著差异。这些差异由多种因素驱动，包括但不限于市场的设计、参与者的范围、覆盖的排放源、供需状况、政策目标以及地区经济条件等。在 2023 年，EU ETS 是碳价最高的碳市场，价格一度突破每吨 100 欧元。

2. 自愿碳市场

自愿碳市场是指在没有政府法规或政府授权的情况下进行的碳交易市场。在这种市场中，个人、非政府组织和企业可以自愿购买碳信用额或抵消来抵消其碳排放量。这使得自愿碳市场不仅限于受监管地区的公司，全球范围内的个人和组织也可以参与其中。企业和个人在自愿碳市场购买碳信用额或抵消不是出于法律要求，而是出于其自愿为减少碳排放做出的努力。通过购买碳信用额或抵消，企业和个人可以实现碳中和，为环境保护做出贡献。自愿碳市场为企业和个人提供了参与减缓气候变化的机会，并为其提供了一种有效的途径来补偿其碳排放。

自愿碳市场中的碳信用来源非常多样化。碳抵消可以通过多种途径购买，为企业和个人提供抵消碳排放的机会。其中一种选择是通过第三方平台购买积分，如验证碳标准（VCS），这可以简化购买过程。许多企业，包括美国航空等主要航空公司，都为客户提供在结账过程中抵消排放量的机会，使其变得简单且方便。此外，个人还可以从 Nor、Gold Standard 和 South Pole 等网站单独购买碳补偿，每个网站都提供符合个人价值观的不同项目。农民和土地所有者也可以通过采取保护性耕作、养分管理和造林等可持续做法来产生碳信用额。随着人们对实现净零排放的关注增加，对碳抵消的需求也在不断增加，这反映在其价格的上涨上。投资碳信用额、ETF 或与碳市场相关的股票也为个人提供了支持环保举措同时实现投资组合多元化的机会。

自愿碳市场预计将显著增长，提供经济效益和环境解决方案。通过自愿参与碳交易，个人和组织可以积极应对气候变化，为减少碳排放做出贡献。碳市场的不断发展壮大，将为推动绿色经济的发展提供重要支持，同时为减缓气候变化和实现环境可持续发展做出重要贡献。

7.6.2　自愿碳市场中的碳信用验证

碳信用额和抵消的验证过程至关重要，尽管合规市场的碳信用额由政府监管，但在自愿碳市场（VCM）中，碳抵消的验证则由第三方实体进行。这些第三方实体通常是非营利组织，负责确保客户获得其所支付费用的价值，并保证抵消项目的真实性和可信度。

碳信用验证是一个严格的过程，涉及各种步骤，以确保信用的合法性。验证过程通常从实施碳减排活动并产生信用额的项目开发人员开始。他们需要提供碳减排的证据，如监测数据、项目报告和其他相关文件。验证过程包括对环境项目进行测量，以确定抵消的碳量，并对数据进行解释。

一旦项目开发人员收集了相关数据，就会将其提交给第三方验证人，该验证人负责评估数据，并确保项目符合所选碳信用标准的所有要求。验证者还将检查数据中是否有任何错误或不一致之处，并验证项目报告的准确性。如果验证者确信该项目符合所有要求，就会发放碳信用额，这些信用额可以在碳市场上交易。只有在第三方实体完成验证并批准后，抵消项目才能获得认可并被赋予相应的认证印章。

这些第三方验证机构包括黄金标准（GS）、Verra 等。它们都致力于确保抵消项目的高质量，以防止购买者投资于不真实的项目。

1. 黄金标准

黄金标准（GS）是一项自愿性的碳抵消计划，专注于促进联合国可持续发展目标（SDG），并确保项目对周边社区产生实质利益。作为一项国际自愿性碳抵消标准，GS 主要涵盖在发展中国家、低收入和中等收入国家的大多数项目，可应用于自愿抵消项目（VER）和清洁发展机制（CDM）项目。GS 由世界野生动物基金会（WWF）、HELIO International 和 SouthSouthNorth 合作开发，其核心目标是提供可持续的社会、经济和环境效益。

GS 清洁发展机制项目于 2003 年启动，经过为期两年的磋商，涵盖了来自 40 多个国家的利益相关者、政府、非政府组织和私营部门专家。GS 自愿抵消项目则于 2006 年启动。2018 年，GS 项目注册表成立，包含所有按照该标准实施的项目。对于被 GS 接受的项目，必须进行额外的社区影响评估，并确保周边人口从中受益。

黄金标准非政府组织支持者正式认可 GS 的方法，并批准了一系列重要规则更改，如项目类型的资格。在 GS 利益相关者磋商的过程中，将征求黄金标准非政府组织支持者的意见，并邀请他们参与项目审查。他们还可能要求在注册和发布阶段对 GS 项目进行深入审计。其审计师是《联合国气候变化框架公约》认可的指定业务实体（DOE），负责对 GS 项目进行验证和验证。除微型和小型项目外，同一项目的验证和核查不得由同一 DOE 进行，以确保审查过程的独立性和公开性。

2. 核证碳标准

核证碳标准（Verified Carbon Standard，VCS）是由非营利组织 Verra 提出的。

截至 2024 年 6 月，全球已开发超过 2100 个 VCS 项目，覆盖 95 个国家，减少或消除了大气中超过 12 亿吨的碳和其他温室气体排放物。

此外，VCS 项目由三个基本组成部分，分别是独立审计、会计方法、注册系统。

首先，VCS 项目需要接受 Verra 员工和合格第三方的独立审计。这确保了一个项目符合标准的规则和要求；其方法得到适当应用；它符合当地法律和法规；没有当地利益相关者因为项目而受到负面影响。

其次，会计方法规定了详细的程序和经过同行评审的减排公式，以量化项目的温室气体效益。每种方法都涵盖了不同项目类型的一组特定活动。

最后，与 VCS 项目相关的所有信息都存储在注册系统中并公开提供。Verra 注册表还跟踪所有 VCU 的生成和退出。

除了这种制衡系统外，每个 VCS 项目都经过一个公众评论期，在此期间，任何人都可以表明他们认为该项目是否符合 VCS 计划标准。这些评论进入 Verra 注册表，必须由项目负责人考虑。

目前 VCS 项目涵盖 16 个领域，主要包括能源、制造、化工、建筑、交通、矿业、排污、农业、森林、草地、湿地和畜牧业等。

VCS 项目的重点关注领域为蓝碳、碳捕集和封存、农业、林业和其他土地利用。

申请人可通过 VCS 项目开发流程对项目进行评估，流程包括项目评估、项目书编制及公示、项目确认和验证、项目登记和签发申请、项目评审、首次 VCU 发放、定期发行 VCU、VCU 清缴和取消以及项目维护。

7.6.3　全球碳信用市场情况

英国政府于 2023 年 12 月 20 日宣布了一项重要计划，即在 2035 年前启动一个新的国内碳捕集、利用和封存（CCUS）市场，以支持实现到 2030 年每年储存 2000 万至 3000 万吨二氧化碳的目标。这一声明加强了市场对英国政府碳减排的信心，并推动了当日碳价的快速上涨，涨幅高达 7.89%。然而，总体而言，2023 年 12 月英国碳市场的日均成交量仅为 43.78 万吨，环比下降了 81.88%，市场活跃度明显下滑。

根据 2023 年 12 月全球主要碳市场成交量及成交价格来看，全球主要碳市场的成交量呈现出分化的趋势。欧盟碳市场的成交量维持增长态势，日均成交量环比上升了 24.60%；然而，英国和韩国市场则出现了不同程度的下跌。英国碳市场的日均成交量环比下降了 81.88%，成交量跌幅显著；韩国碳市场的日均成交量环比下降了 14.58%，在经历了上个月的大额放量后出现了一定程度的下跌。

同时，全球碳市场的价格走势也不一样。除了新西兰市场外，其他主要碳市场的价格都出现了环比下跌。在欧盟、英国和韩国碳市场中，价格的累计下跌幅度各不相同。欧盟碳市场的成交价累计上涨了 5.06%，但日均成交价环比下跌了 8.01%；英国碳市场的成交价累计上涨了 4.78%，但日均成交价环比下跌了 13.17%；韩国碳市场的收盘价累计下跌了 5.07%，日均收盘价环比下跌了 3.78%；而新西兰碳市场的收盘价累计下跌了 9.01%，但日均收盘价环比上涨了 3.48%。

7.6.4 中国碳信用市场情况

在合规碳市场方面，中国于 2017 年启动了试点，随后逐步完善碳排放交易市场体系的相关制度和政策。在自愿碳市场方面，2024 年 1 月，中国温室气体自愿减排交易在北京启动，与合规性的全国碳排放权交易市场相辅相成。自愿减排交易目前主要涉及四大领域，包括造林碳汇、并网光热发电、并网海上风力发电和红树林营造。这些领域不仅具有巨大的减排效果，而且具备碳减排的额外性，即在没有碳交易收益的情况下可能无法开展。

生态环境部表示，将常态化开展方法学的评估和遴选，逐步扩大自愿减排交易的参与领域。此外，要精准核算数据以确保交易的真实性。通过展开自愿减排交易，企业不仅能获得额外收益，还能支持电站经营发展，为推动碳中和和环境保护做出贡献。

在合规碳市场方面，2024 年 1 月，全国碳信用额最高价为 76.81 元/吨，最低价为 69.67 元/吨，收盘价较上月最后一个交易日下跌了 9.51%。挂牌协议交易成交量达 43.62 万吨，成交额为 0.32 亿元；大宗协议交易成交量为 258 万吨，成交额为 1.87 亿元。全国碳排放配额总成交量为 301.62 万吨，总成交额达 2.19 亿元。截至 2024 年 1 月 31 日，全国碳市场累计成交量为 4.45 亿吨，累计成交额为 251.38 亿元，市场潜力较大。

在自愿碳市场方面，根据 Verra 登记簿数据显示，VCS 在中国的项目共有 973 个，含已注册项目 462 个，其他状态项目 511 个。通过注册的 VCS 项目以能源资源产业类型为主，碳信用存量 7824.58 万吨。在各省市碳信用额存量分布中，甘肃省存量以 1378.23 万吨 VCUs 列居首位。

7.6.5 借助碳信用管理气候风险

企业利用碳信用交易管理气候风险的原理是，基于市场机制内部化其温室气体排放的成本，进而激励企业采取行动减少排放或投资于碳减排项目。通过碳信用交易，企业可以在经济上受益于其减排努力，同时减少气候变化对其业务的潜在影响。碳信用交易可促使企业内部化碳排放成本：企业需要将其碳排放成本计入财务考量，这可能来自于碳税、合规市场中的排放配额成本，或是自愿碳市场中购买碳抵消的成本。面临直接的碳成本后，企业被激励采取措施减少排放，如提高能效、转向可再生能源、改进生产工艺等。并且，企业可能投资于碳减排技术或创新，不仅为了减少自身的碳排放，还可以生成碳信用，通过出售这些碳信用获得收益。

通过减少碳排放和参与碳信用交易，企业能够更好地应对碳定价政策的变化，减少对化石燃料价格波动的依赖，从而降低未来的财务和运营风险。企业可通过减少自身碳排放来生成碳信用。提高能源效率、转向清洁能源和改善生产工艺等措施不仅有助于减少环境影响，还能在碳市场上获得碳信用，实现经济回报。

例如，假设一家在欧盟运营的制造企业，其年度二氧化碳排放量为 50000 吨。根据欧盟碳排放交易体系的规定，该企业需要持有足够的排放配额来覆盖其排放。假设当前的碳价为每吨 30 欧元（实际价格根据市场供需波动），则该企业面临的直接碳成本为 1500000 欧元（50000 吨 ×30 欧元 / 吨）。

为了管理这一成本，该企业可能采取以下措施。

1）能效改进：通过投资 100000 欧元于能效提升措施，如更新老旧的生产设备，预计可以减少年排放量 5000 吨。这不仅减少了 150000 欧元的碳成本（5000 吨 ×30 欧元 / 吨），还提高了生产效率。

2）使用可再生能源：企业投资 500000 欧元建设太阳能发电设施，预计每年减少 10000 吨二氧化碳排放。这相当于每年节省 300000 欧元的碳成本。

3）出售碳信用：通过上述措施，企业不仅减少了自身的碳排放，还可以将节省的排放配额（如果在合规市场内）或生成的碳信用（如果为额外的减排项目）在市场上进行出售，进一步获得经济收益。

通过这些举措，企业不仅管理了自身面临的碳成本和气候风险，还通过参与碳信用交易获得了额外的财务收入，同时为减缓气候变化做出了贡献。这一例子展示了企业如何通过实际行动和市场机制有效管理其碳排放和相关风险。

第8章 应对气候风险的其他方法

本章聚焦企业如何通过技术创新与管理策略来应对气候变化，并构建绿色经济与可持续的未来。企业应当谨慎选择并集成一系列减排与适应性技术，包括但不限于提高能源效率、开发利用可再生能源、实施碳捕集机制、推行循环经济模式以及进行细致的气候风险评估，以此降低温室气体排放量，增强环境适应能力。同时，补足员工技能缺口也至关重要，企业应通过内部教育、专业培训及创新文化培育等方式，确保团队掌握绿色技能，迎接环境挑战。

此外，产品设计与营销也需要革新。企业应注重开发碳信用与可持续产品，传递环保理念，吸引绿色消费群体，同时警惕"漂绿"风险。值得注意的是，供应链管理在这一进程中扮演着核心角色，企业需要优化物流体系，精确评估并控制碳足迹，以构建一个既高效又具韧性的供应链网络。通过借助人工智能技术，如风险预测模型与资源分配优化算法，企业可以获得更为智能的决策支持，从而有效应对各种不确定性。

然而，尽管技术进步带来了诸多机遇，但是隐私权保护、数据透明化以及技术本身的成熟度仍是企业发展面临的重大挑战。为解决这些问题，既需要国家层面的政策指导，也离不开企业层面的自我约束与行业规范。本章旨在对企业应对气候风险的策略进行分析，致力于为各类企业提供一份实战导向的气候变化应对手册，协助其在绿色转型的道路上稳健前行。

8.1　应对气候变化的技术管理与创新

应对气候变化是当前全球面临的重大挑战，有效的管理和创新不仅能够减缓气候变化的进程、保护生物多样性，还能够促进建设绿色经济，提高能源效率，推动资源的循环利用，为全球可持续发展提供支持。

面对诸多可供选择的技术，企业需要配置适宜的技术组合。企业环境技术组合是指企业在应对环境挑战和可持续发展需求时，所采用的一系列技术方法和手段的组合。这些技术旨在提高企业的环境绩效，降低环境污染，提高资源利用效率，并推动企业的绿色转型。企业环境技术组合由多种技术组成，这些技术可以通过不同的机制来减少温室气体排放量，并作用于企业的日常运营和发展。由于环境技术的运作方式和其对环境的影响有所不同，所以企业为同时实现维持运营和保护环境这两方面的目标，就需要设计和采用与其发展相契合的技术组合。目前已有大量企业开始利用环境技术来应对气候变化。例如，为了应对气候变化，可口可乐公司将逐步用可再生能源卡车替代传统的柴油车队。同时，其还会对产品包装进行重新设计以实现温室气体的减排。

应对气候变化风险的技术可以分为减缓技术和适应技术两大类。减缓技术主要关注减少温室气体排放，以减缓气候变化的进程。常见的减缓技术包括以下五点。

1）能源效率提升：提高生产流程、建筑和运输的能源效率，减少能源消耗和碳排放。例如，升级至节能照明、采用高效率的生产设备和混成自动电压控制（HVAC）系统。

2）采用可再生能源：用风能、太阳能、地热能等可再生能源来替代化石燃料。企业可以直接安装太阳能面板或通过购买绿色电力来实现这一目标。

3）电气化和清洁能源转型：将依赖于化石燃料的操作转换为电力驱动，特别是来自可再生能源的电力。例如，采用电动车辆替代传统燃油车辆。

4）碳捕集、利用和封存（CCUS）：开发和应用 CCUS 技术，从源头捕集 CO_2 排放，并将其封存或转化为有用的产品。

5）循环经济和废物管理：通过优化产品设计以及提高材料利用率、回收和再利用，减少废物和排放。

适应技术帮助企业减轻气候变化带来的负面影响，提高抵御气候相关风险的能力。常见的适应技术包括以下五点。

1）气候风险评估：运用数据和模型评估气候变化对企业的潜在影响，包括供应链、资产和运营的风险。

2）水资源管理：采用高效灌溉、雨水收集和循环利用等技术，优化水资源的使用，应对气候变化导致的水资源短缺问题。

3）灾害准备和应急计划：制订和实施应对极端天气事件（如洪水、干旱、热浪）的预防措施和应急响应计划。

4）基础设施强化：升级和加固基础设施，如建筑、桥梁和供电系统，以抵御极端天气和气候变化的影响。

5）农业和生态系统适应性管理：采用抗逆境品种、多样化作物种植、生态友好的农业实践等，提高农业系统和生态系统的适应性。

企业采用这些减缓和适应技术不仅能够有效应对气候变化带来的挑战，还能够促进企业的可持续发展，开拓新的业务机会，并提高企业的社会责任和品牌形象。实施这些技术需要跨部门的协作、持续的创新和适应性的管理策略，以及对新技术和方法的投资。

8.2　员工技能培训

企业进行气候风险管理需要解决员工技能缺口的问题。员工技能缺口是指企业在寻求实现可持续发展和应对气候变化的过程中，其员工所拥有的技能与新的环境标准和技术需求之间存在的差距。这种现象不仅限制了企业在环保领域的发展，也影响了其长期的竞争力和市场地位。员工技能缺口涉及多个层面，包括对可持续实践的理解、绿色技术的应用能力以及创新和适应新规定的能力等。具体而言，员工技能缺口主要表现在以下三个方面：第一，环境知识与意识缺口，即员工缺乏对气候变化影响、环保法规以及行业最佳实践的充分了解。第二，技术应用缺口，即员工对于新的环保技术和工艺，如清洁能源和节能减排技术等技能运用不娴熟。第三，创新能力缺口，即员工在设计和实施可持续解决方案方面，缺乏足够的创新思维和能力。

职场社交平台领英发布的《2023年全球绿色技能报告》(*Global Green Skills Report 2023*)显示，在其研究的48个国家中，有大量企业面临绿色技能缺口这一问题，而这种现象限制了绿色经济的发展潜力。该报告指出，尽管在过去五年内企业对绿色技能的需求以及雇用绿色人才的数量有显著提升，但是还远远没有达到可持续发展所需的绿色技能普及率。同时，由于很多企业的教育体系和职业培训项目也未能充分适应这种变化，所以绿色人才供不应求的现象也有所加剧。

现阶段，企业在补足员工技能缺口应对气候风险时，可能会面临员工对气候变化认知不足、培训资源有限、培训内容与实际工作脱节、员工参与度不高等问题。为缓解这些现象，企业可以采取以下三种方式：第一，企业应注重开展内部教育，提升员工对可持续发展和气候风险重要性的认识，并组织员工学习具体的环保技术。第二，企业还可以与专业的教育机构和团体进行合作，开发针对性的定制化培训课程，为员工学习最新的环保知识和技能提供支持，以增强其应对气候变化的综合能力。第三，企业还可以通过创建一个鼓励创新和持续学习的企业文化的方式，为员工提供学习资源和时间以支持他们不断地对其使用的环保技能进行更新。目前已有多家公司开展了补足员工技能缺口的相关战略，例如，前文中提到的运输管理服务公司Ryder已经制订并实施了针对全体员工的可持续性挑战计划，致力于提高员工的气候变化意识。

8.3　产品设计与营销

企业及相关组织在根据气候变化进行产品设计与营销时，不仅需要考虑应该如何降低对环境的负面影响，还需要确保在适应气候变化的同时，其提供产品和服务的性能和质量能够有所提升，且不会对消费者的实际使用效果产生负面的影响。企业须通过综合考虑产品设计和营销的原则和策略有效地应对气候风险，提高产品的耐用性和环保性，并注重满足消费者的实际需求。

8.3.1　碳信用产品设计

　　碳信用产品是一种基于碳减排项目或碳中和行为所产生的信用产品，其核心目的是通过市场机制来推动企业和个人减少温室气体排放，进而实现碳中和目标。这些产品允许投资者购买碳信用以抵消其自身的碳排放，从而实现环境效益和经济效益的双重目标。碳信用产品包括碳补偿、碳抵消和碳足迹等多个种类。其中，碳补偿产品是指通过购买碳信用以补偿因特定活动（如飞行、会议等）产生的碳排放。碳抵消产品则允许投资者购买碳信用以抵消其日常运营或生产过程中的碳排放。碳足迹产品可以帮助企业和个人了解其活动产生的碳排放，并为其提供相应的碳信用购买建议，以实现碳中和。

　　企业可运用以下方法，通过设计碳信用产品来管理企业的气候风险：第一，需明确目标与定位。企业需要明确碳信用产品的设计目标，是内部碳减排还是面向市场的碳交易，产品的受众是企业自身、投资者还是其他利益相关者。第二，评估碳排放与风险。企业需对其碳排放进行全面评估，了解各业务环节的碳足迹。第三，制定碳信用产品设计框架。企业需根据前期了解到的信息，设计并实施具体的碳减排策略，如采用清洁能源、提高能源效率等。值得注意的是，企业在确立减排项目时需确保其设计的碳信用产品符合国际或国内的碳减排标准。第四，风险管理与持续监测。企业应建立完善的风险管理机制，以应对碳信用产品在市场和政策发生变动对可能面临的风险。同时，企业还应对碳信用产品的实施效果进行持续性的监测和评估，并根据市场反馈，不断优化和完善产品设计。

　　现阶段已有大量企业积极投身于碳信用产品的设计。例如，岳阳林纸搭建了碳汇开发专业平台——森海碳汇，旨在依托自有林地资源，储备碳信用，并致力于开展碳汇业务以促进碳金融的发展。森海碳汇的目标是成为碳汇行业的领先企业，并计划到 2025 年年末，累计签约的林业碳汇达到 5000 万亩。

　　目前，通过设计碳信用产品缓解企业气候风险的措施仍然面临一些挑战。首先，设计碳信用产品具有一定的复杂性，碳信用产品的设计需要确保真实性、可验证性和可追踪性，需要非常专业的技术和知识，所以企业可能面临如何准确衡量和核算减排量的困难。其次，设计碳信用产品还面临标准化的问题，由于目前碳信用市场缺乏统一的国际标准，因此产品设计可能存在一定的差异和不确定性，增加了企业设计碳信用产品的操作难度。为应对以上问题，企业应加强与专业机构和咨询公司的合作，获取气候管理和碳信用方面专业的技术支持和咨询服务。同时，企业还应注重提高产品的透明度和可验证性。最后，企业应建立完善的风险管理机制和合规体系，确保设计的碳信用产品符合相关要求。

8.3.2 可持续产品设计

企业在应对气候风险时，应注重可持续产品的设计和发展，关注产品的循环经济效应，充分考虑材料的使用效率，并开发能源效率更高的产品，以减少在生产过程中原材料的浪费现象和产品在使用过程中的能源消耗。

企业可采用以下方法进行可持续产品设计以应对气候风险。第一，选择可再生或可回收的材料来制造产品，减少对有限自然资源的依赖。注重避免使用对环境有害的物质，寻找更安全、更环保的替代品。第二，优化生产工艺，减少能源消耗和废弃物产生。第三，注重增强产品耐用性和维修性，设计易于维修和升级的产品，并确保产品在生命周期结束时可以被回收利用，以减少废弃物。第四，采用环保包装，如可降解材料或循环使用的包装，减少包装废弃物的产生。

现阶段，可持续产品设计已经成为企业进行气候风险管理时运用的主要方法之一。例如，2023 年 9 月，苹果公司在公布其第一款碳中和产品 Apple Watch Series 9 时表示，这款手表通过在材料、清洁能源和低碳运输等方面的持续创新，实现了可支持碳中和目标的表壳和表带组合。苹果采取的方法具体表现为在制造和产品使用的过程中 100% 采用清洁电力、按照重量计算，产品使用了 30% 的回收或可再生材料以及其 50% 以上的运输采用非航空运输方式。苹果正在通过在材料、清洁电力和低碳航运方面的创新减少大部分碳排放，以实现企业的碳中和目标。

目前企业在设计可持续产品应对气候风险时，会面临以下挑战：第一，技术难题。可持续产品的生产往往涉及新技术和新材料，而这些技术和材料的研发和应用可能存在技术瓶颈。此外，确保产品在整个生命周期内都符合可持续性要求，也是一个技术挑战。第二，成本压力。可持续产品的生产成本往往高于传统产品，导致这种现象的原因是新技术和新材料的成本较高，此外生产过程中的环保要求也可能导致额外的成本支出。企业可采用以下方法解决上述问题，第一，企业可加大研发投入，积极与研究气候风险的科研机构、高校等合作，共同推动可持续技术和材料的研发。同时，企业应建立严格的可持续性评估体系，确保应对气候风险的可持续产品符合可持续性要求。第二，企业可通过优化生产工艺、提高生产效率等方式降低成本。第三，企业可以寻求政府补贴、税收优惠等政策支持，以降低经济压力。

8.3.3 应对气候风险的营销

企业的营销部门在管理气候风险方面也可发挥重要作用。通过策略性的营销活动和沟通，营销部门不仅可以提高公众对气候变化的意识，还可以推动消费者偏好向更可持续的产品和服务转变。营销部门可突出环保属性：营销部门可以通过强调产品的环保特性和可持续性优势来吸引环境意识较强的消费者。营销中可宣传企业在减少产品和服务生命周期中碳足迹的创新，如使用可再生材料、提高能效和减少包装废物。营销部门可通过透明地分享企业的气候目标、进展和实际成效，增加品牌信任度和消费者忠诚度；也可利用有力的故事讲述技巧来传播企业对抗气候变化的努力，包括社会责任项目、合作伙伴关系和可持续发展案例。此外，营销部门承担着监测消费者行为变化的职责，可通过定期市场研究，以了解消费者对气候变化和可持续消费的态度变化，根据消费者偏好的变化调整产品和服务的定位，确保企业的供应符合市场的可持续发展趋势。

同时，营销中也要避免漂绿风险。漂绿（Greenwashing）是指企业通过夸大其产品、服务或整体业务对环境的积极影响，以误导消费者和公众认为它们比实际更加环保的行为。在应对气候变化的背景下，避免和应对漂绿风险对营销部门来说尤为重要，不仅因为它关乎企业的诚信和声誉，也是对消费者负责的表现。

8.4　供应链管理

供应链管理是企业应对气候风险的关键方法之一。供应链管理是指企业通过对从原材料采购到将最终产品交付给消费者过程中的诸多步骤进行管理，使商品、服务、信息和资金有效流动的过程，涉及原材料的可用性、生产成本的变化、运输和物流的效率以及最终产品市场需求等多方面的内容。企业的可持续性供应链管理不仅可以减缓气候风险带来的负面影响，还可以为企业提供竞争优势和创新机会。

企业运用供应链管理来应对气候风险时，可采用以下方法：第一，企业可以通过对供应链各个环节涉及的合作商，包括供应商、制造商和物流服务提供商所处地理位置的特定气候风险进行了解，对可能造成负面影响的关键性气候变化因素，包括极端天气事件、资源短缺、环境法规变化等进行评估。第二，企业可以寻找多个地理位置的供应商来减少对单一供应源的依赖，以降低因供应源面临气候风险不能按时完成生产任务的风险。同时企业还可以与践行可持续生产的供应商建立长期合作关系，通过双方的共享信息，提高整个供应链的信息透明度，并推进可再生能源的利用以及减少废物生产方法的使用，达到共同评估和管理气候风险的目的。第三，企业可以积极地参与供应链的碳足迹管理，通过对供应链各个环节产生的温室气体排放进行计算和评估，选择投资碳补偿项目或采用更环保的运输方式。第四，企业应持续监测利用供应链管理应对气候风险的效果，并定期向利益相关者报告供应链管理中的气候风险和应对措施，以提高企业气候风险管理的可信度。

现阶段，大量企业开始注重运用供应链管理来应对气候风险。例如，2019年雀巢公司发布"零净排放"承诺，其中强调了供应链管理对应对气候风险的重要作用。根据雀巢披露的信息，雀巢将投资可再生能源，并与农民合作实施可持续性更高的农业实践，如改进土壤管理和采用更节能的运输方式等。雀巢已经通过以上策略性供应链管理的调整，达到了缓解气候变化带来的潜在负面影响的目的。

供应链管理是企业应对气候风险的重要组成部分，但其面临的挑战不仅影响供应链效率和成本效益，还可能对企业的声誉和市场地位产生负面影响。具体来说，企业通过供应链管理应对气候风险时，可能会遇到以下问题：第一，随着企业的全球化扩张，供应链变得越来越长、越来越复杂，同时由于管理多地区、多语言和多货币的供应链要求企业拥有高度的协调能力和信息流的透明度，所以企业难以对供应链的气候风险进行全面的了解。第二，原材料成本波动、运输费用增加以及劳动力成本上升都将对企业的运营造成威胁，所以企业在进行气候风险管理的同时，依然能保持产品和服务质量是其所面临的重大挑战。第三，由于最新信息技术和数字化工具的普及，供应链气候风险信息的透明度得到了大幅度的提升，但是无论是信息技术还是气候风险评估，都需要企业进行投资并培养员工相应的技能，这对企业经济资本、人力资本和技术资本都提出了较高的要求。企业可以采用以下方式解决上述问题：第一，简化数字化转型流程，利用供应链管理软件提高透明度和协调性，实现更全面的气候风险的数据共享和实时监控。第二，通过全面的成本分析识别节省成本的机会，并采取措施改善生产运营效率，如优化库存管理、采购策略和物流网络设计等。第三，制定一个明确的数字化转型策略和气候风险评估战略，包括培训员工的数字技能以及绿色技能，采取分阶段的方法逐步实现员工综合素质的提高。

8.5 人工智能技术

人工智能是一门科学技术，可以通过获取信息、自我修正等方式，实现分析预测、处理图像或执行特定指令等任务。随着人工智能技术的迅猛发展和广泛普及，其使用范围逐渐扩大，涉及简单的日常应用到复杂的工业生产和科学研究等多个领域。其中，人工智能也为企业应对气候风险提供了新的方法和可能性。

人工智能可以通过以下方式协助企业应对气候风险：第一，风险评估与预测。企业可以利用人工智能进行大数据分析，以建立气候风险预测和评估模型。模型的应用将有利于企业根据气候变化趋势以及极端天气出现的可能性，预测其所面临的气候风险，并据此评估气候风险对业务的潜在影响以及可能产生的经济风险。第二，优化运营和资源利用。人工智能可以帮助企业进行建筑和生产设施能源使用的优化以达到降低碳排放的目的。第三，实现可持续性目标。企业可以通过人工智能对日常生产和运营的数据进行自动化收集和整理，逐步建立并完善企业的可持续报告。此外，人工智能还可以对企业的碳足迹进行监控和分析，有利于企业识别减排机会并制订相应的减排计划。第四，制定投资和融资决策。人工智能可以对能够减轻气候变化影响或适应气候变化的项目进行评估，企业可以基于相关信息进行风险管理，以识别气候变化相关的财务风险和机会，并据此进行分析以制定投资决策。

毕马威 2024 年 2 月发布的对 ESG 组织的调查显示，在其研究样本中，58% 的公司表示它们计划在未来三年内使用人工智能和机器学习来改善数据分析和整合，且 83% 的公司预计在未来三年内增加非 ESG 角色的 ESG 责任，包括 ESG 数据分析以及碳排放管理和报告等。但是毕马威认为，虽然人工智能和机器学习技术可以帮助组织从不同的数据中获得有效的信息，并做出与企业发展相契合的决策，但企业在管理气候风险和完善可持续发展时，并不能完全依靠人工智能和机器学习，数据的来源、选用以及需要实施的控制类型都是影响人工智能作用程度的因素。

现阶段人工智能在协助企业进行气候风险管理时还面临着如何保护企业隐私、提高使用数据透明度以及完善数字和相应技术等问题。为应对以上问题，各个国家和组织制定了相关的法律或规定，例如，欧盟制定并颁布了《人工智能法案》，该法案于 2023 年 6 月正式通过，旨在根据人工智能可能造成的风险水平对其应用进行分类和监管，以确保人工智能技术开发和部署的安全性和合法性。而为解决以上问题，企业则可以采用以下方法：第一，加强技术研发和安全防护。企业需投入资源对协助气候风险管理的人工智能技术进行研发，特别是在安全性和隐私保护方面。第二，建立安全评估与认证制度。企业可以针对不同气候风险管理的人工智能系统，建立相应的安全评估标准，通过认证制度，确保人工智能系统符合安全标准，降低潜在风险。

第 9 章　总结和展望

随着气候变化对全球经济和社会的影响日益加剧，企业在应对这一挑战中扮演着至关重要的角色。本书详细讨论了企业面临的气候变化风险，以及它们可以采取的策略和措施，旨在为企业管理者、政策制定者、学者和学生提供一个全面的实践指南，帮助他们理解并有效应对这些风险。

我们首先介绍了气候变化对企业操作、供应链、消费者行为和监管环境带来的多重风险。通过一系列案例研究，我们展示了企业如何通过风险评估、情景分析和制订适应性和减缓策略来应对这些挑战。此外，我们还探讨了企业如何利用气候衍生品等金融工具来管理这些风险，以及通过改善环境报告和透明度来增强其气候变化应对能力。

面对未来，企业应对气候变化的努力需要进一步加强和深化。以下是几个关键领域，企业和其他利益相关者可以在这些领域内采取行动，以促进更加有效的气候变化适应和减缓策略。

1）加强合作：企业应与政府、非政府组织、行业伙伴和社区加强合作，共同开发和实施有效的气候变化应对措施。跨部门合作对于解决气候变化这一全球性问题至关重要。

企业与政府、非政府组织、行业伙伴和社区在应对气候变化方面的合作是一个复杂而重要的议题。首先，气候变化具有高复杂性。作为一个全球性的问题，气候变化的影响跨越国界，任何单一国家或实体都难以独自应对其带来的多重挑战。气候变化不仅仅影响生态环境，还对经济、社会等多个方面产生深远的影响。因此，全球范围内的不同实体进行协作是必不可少的。此外，气候变化的多维度影响要求跨越多个行业进行合作，如能源、交通、农业等。

合作有助于资源和技术的共享。企业和研究机构可以通过合作开发新的技术，如可再生能源和碳捕集与封存技术，以减缓气候变化的进程。政府在此方面拥有丰富的政策工具和财政资源，而企业则具备创新技术和管理经验。两者的合作可以实现资源的优化配置，从而更有效地应对气候变化。同时，通过与非政府组织和社区的合作，可以提高公众对气候变化的认识和参与度，推动社会行为的改变。公众意识的提高是解决气候变化问题的一个关键因素，因为这可以影响个人和企业的日常行为。

当前在气候变化领域的合作模式多种多样。其中一个重要的模式是公私合作伙伴关系（Public-Private-Partnership，PPP），如联合国全球契约组织（UN Global Compact）。PPP合作模式将企业、政府和国际组织聚集在一起，共同致力于可持续发展目标的实现。这种合作模式的成功往往依赖于明确的目标设定、透明的沟通渠道和共同的利益驱动。行业联盟也是另一种常见的合作形式，如"气候行动100+"联盟，聚集了来自不同行业的投资者，旨在推动企业减少碳排放。行业联盟可以共同制定和推广绿色标准，推动整个行业向低碳经济转型。

然而，跨部门合作也面临诸多挑战。首先是利益冲突的问题。企业可能更关注短期的经济效益，而政府和非政府组织有可能更关注长期的环境影响。其次，不同部门和组织之间的文化和价值观差异也可能导致沟通不畅，这需要通过更开放的交流和沟通来解决。政策和法律障碍也是合作中的一大难题，不同国家和地区的环保法规可能存在不一致，增加了跨国合作的复杂性。此外，政府政策的变动可能影响企业的长期规划和投资决策。

在技术和资金方面的限制也不可忽视，一些新兴技术的开发和应用仍面临技术瓶颈，需要更多的研究和开发支持。此外，发展中国家普遍缺乏足够的资金支持来应对气候变化。

2）技术创新和投资：继续投资于清洁能源、能效提升和碳捕集等气候友好技术的研发和部署。技术创新将是减少温室气体排放和适应未来气候变化影响的关键。

在当前的气候背景下，技术创新不仅是减少温室气体排放的关键工具，也是适应未来气候变化影响的重要途径。首先，清洁能源的开发和应用是减少温室气体排放的重要一步。传统的化石燃料是全球温室气体排放的主要来源，而清洁能源，如太阳能、风能和水能，则几乎不产生任何碳排放。太阳能和风能技术的不断进步使其在全球范围内迅速普及。以太阳能为例，随着光伏技术的进步，太阳能电池板的生产成本不断降低，这使得太阳能发电在许多地区已经比化石燃料更具竞争力。与此同时，风能技术的改进也显著提高了风力发电的效率和稳定性。投资于这些清洁能源技术的研发，不仅有助于减少全球碳足迹，还能推动经济增长和创造就业机会，形成一个良性循环。

其次，能效提升同样是应对气候变化的重要手段。在能源使用的各个环节，提高能效可以减少能源消耗，从而降低碳排放。现代建筑、交通运输和工业生产中的能效提升措施已经显示出显著成效。例如，建筑领域通过使用更高效的隔热材料和智能能源管理系统，可以大幅减少供暖和制冷的能源消耗。在交通领域，电动汽车的推广以及内燃机效率的提高，也显著降低了碳排放。这些能效提升措施不仅有助于减缓气候变化，还能降低能源成本，提高企业和家庭的经济效益。

通过清洁能源和能效技术减缓气候变化，本质上是减少化石能源消耗。碳捕集与封存技术是另一种有效的温室气体减排策略。碳捕集技术可以从工业排放源中直接捕获二氧化碳，并将其储存在地下地质构造中，防止其进入大气。尽管这一技术仍处于发展阶段，但它为那些难以实现低碳转型的行业提供了一种可能的解决方案。尤其在钢铁、水泥和化工等高排放行业，碳捕集技术被视为减少排放的有效途径。此外，随着碳利用技术的发展，捕获的二氧化碳还可以被转化为有价值的产品，如合成燃料和建筑材料，为经济带来新的增长点。最后，一些新兴的技术，如直接碳捕集（direct carbon capture），可以在任何地点而非特定地点从大气中直接捕获二氧化碳，在近年来也获得了高度关注。

技术创新不仅有助于减排，还在适应气候变化影响方面发挥着重要作用。随着气候变化带来的极端天气事件日益频繁，创新技术可以帮助社会提高适应能力。例如，智能农业技术可以提高作物的气候适应性，减少因气候变化导致的农业损失。气象预测和早期预警系统的进步也有助于减少气候变化对社会经济的冲击。此外，创新的城市规划和基础设施设计能够提高城市的韧性，使其在面对气候变化带来的洪水、热浪等极端事件时更具适应能力。

3）加强能力建设和知识分享：通过教育和培训提高企业管理者和员工对气候变化风险的认识。同时，分享最佳实践和经验，可以帮助更多企业提高其气候变化应对能力。

教育和培训在提升企业对气候变化的意识中扮演着重要角色。通过系统化的培训课程，管理者和员工可以了解到气候变化的基本科学原理，以及气候变化对企业的潜在影响。这种培训可以涵盖多个方面，从气候变化的科学基础、相关政策法规到企业应对气候变化的具体策略。例如，管理层可以通过学习了解如何将气候风险纳入企业的战略决策中，而员工则可以通过培训了解如何在日常工作中减少碳排放和能源消耗。这种全方位的教育有助于在企业内部形成一种整体的环保意识，推动整个组织朝向可持续发展的方向努力。

4）长期战略规划：将气候变化纳入企业的长期战略规划，确保企业能够在不断变化的环境中保持竞争力和可持续发展。

气候风险的长期性特征对企业带来了独特的挑战，尤其是在考虑到 CEO 的任职期限和委托—代理问题时。这些因素加剧了企业如何应对气候变化的复杂性。例如，CEO 的平均任职期限通常较短，往往只有几年时间，这可能导致他们更关注短期业绩而非长期风险和机遇，特别是那些在未来几十年才会显现的气候风险。这种短期视角可能会影响到对气候变化适应和缓解措施的投资决策，因为这些措施往往需要长期的承诺和初始的资本投入，其益处可能超出了 CEO 任期的时间范围。此外，在公司治理中，委托—代理问题描述了公司所有者（委托人）和公司管理者（代理人，如 CEO）之间的利益冲突。所有者期望管理者做出的决策能够增加公司的长期价值，但管理者可能更倾向于优化短期业绩，部分原因是他们的薪酬和职业发展往往与短期业绩指标挂钩。当涉及气候变化时，这种利益冲突可能导致管理层不愿投资于长期的气候适应性和减缓措施，因为这些投资的回报可能不会立即体现。

有鉴于此，企业需要找到有效的方法来平衡短期业绩和长期可持续发展的目标，确保气候变化的长期风险得到适当管理。同时，当前的激励机制往往奖励短期业绩，而不是长期的可持续性和风险管理。这需要通过调整薪酬结构、业绩评估标准和其他激励措施来重新平衡。由于气候变化的长期性质，提高关于企业气候风险管理策略和成效的透明度对于建立投资者和其他利益相关者的信任至关重要。企业文化和治理结构需要促进长期思维，鼓励管理层超越其任期考虑企业的长远利益。

企业作为全球应对气候变化努力的关键参与者，其在减少温室气体排放、促进可持续发展以及保护全球环境方面承担着重要责任。面对未来的不确定性，企业需要采取积极主动的态度，不断创新和适应，以确保在应对气候变化的同时，也能实现经济和社会的长期可持续发展。通过共同的努力，企业可以和其他实体一起构建一个更加绿色、更加公平、更加可持续的未来。

参考文献

［1］ ANTON W R Q, DELTAS G, Khanna M. Incentives for environmental self-regulation and implications for environmental performance ［J］. Journal of Environmental Economics and Management, 2004, 48（1）: 632–654.

［2］ CARNEY M M. Recommendations of the Task Force on Climate-related Financial Disclosures ［R］. 2017.

［3］ DIABAT A, SIMCHI-LEVI D. IEEE, 2009. A carbon-capped supply chain network problem ［C］//2009 IEEE International Conference on Industrial Engineering and Engineering Management, 2009: 523–527.

［4］ DUDEK D, GOLUB A. Intensity targets: pathway or roadblock to preventing climate change while enhancing economic growth? ［J］. Climate Policy, 2003, 3: S21–S28.

［5］ DUNN S. Down to Business on Climate Change ［J］. Greener Management International, 2002（39）: 27–41.

［6］ DUTT N, KING A A. The judgement of garbage: End-of-pipe treatment and waste reduction ［J］. Management Science, 2014, 60（7）: 1812–1828.

［7］ FREEMAN R E. Cambridge University Press, 1984. Strategic Management: A Stakeholder Approach ［M］. 1984.

［8］ FRONDEL M, HORBACH J, RENNINGS K. End-of-pipe or cleaner production? An empirical comparison of environmental innovation decisions across OECD countries ［J］. Business Strategy and the Environment, 2007, 16（8）: 571–584.

［9］ GOLDHAMMER B, BUSSE C, BUSCH T. Estimating corporate carbon footprints with externally available data ［J］. Journal of Industrial Ecology, 2017, 21（5）: 1165–1179.

［10］ HAIGH N, GRIFFITHS A. The natural environment as a primary stakeholder: the case of climate change ［J］. Business Strategy and the Environment, 2009, 18（6）: 347–359.

［11］ JIRA C F, TOFFEL M W. Engaging supply chains in climate change ［J］. Manufacturing & Service Operations Management, 2013, 15（4）: 559–577.

［12］KING A，LENOX M. Exploring the locus of profitable pollution reduction［J］. Management Science，2002，48（2）：289–299.

［13］KLASSEN R D，WHYBARK D C. The impact of environmental technologies on manufacturing performance［J］. Academy of Management Journal，1999，42（6）：599–615.

［14］LIU G，LIU J，ZHAO J，et al. A real-time estimation framework of carbon emissions in steel plants based on load identification［C］//2020 International Conference on Smart Grids and Energy Systems（SGES）. IEEE，2020：988–993.

［15］MITCHELL R K，AGLE B R，WOOD D J. Toward a Theory of Stakeholder Identification and Salience：Defining the Principle of Who and What Really Counts［J］. The Academy of Management Review，1997，22（4）：853.

［16］NGUYEN Q，DIAZ-RAINEY I，KURUPPUARACHCHI D. Predicting corporate carbon footprints for climate finance risk analyses：a machine learning approach［J］. Energy Economics，2021，95：105–129.

［17］NORHASIMAH MD NOR. The Effects of Environmental Disclosure on Financial Performance in Malaysia［J］. Procedia Economics and Finance，2016，35：117–126.

［18］OSTROM E. A Polycentric Approach for Coping with Climate Change［J］.SSRN Electronic Journal，2009，15（1）.DOI：10.2139/ssm.1934353.

［19］PETEK J，GLAVIČ P，KOSTEVŠEK A. Comprehensive approach to increase energy efficiency based on versatile industrial practices［J］. Journal of Cleaner Production，2016，112：2813–2821.

［20］PIZER W A. The case for intensity targets［J］. Climate policy，2005，5（4）：455–462.

［21］PORTER M E，VAN DER LINDE C. Toward a new conception of the environment-competitiveness relationship［J］. Journal of Economic Perspectives，1995，9（4）：97–118.

［22］ROBERT G. ECCLES，BHAKTI MIRCHANDANI. We Need Universal ESG Accounting Standards［J］. Harvard Business Review，2022：1–7.

［23］SERAFEIM G，VELEZCAICEDO G. Machine learning models for prediction of scope 3 carbon emissions［R］.Working Paper，No.22–080.Boston：Harvard Business School，2022.

［24］SHELLKA ARORA-COX. California Senate Passes the Climate Corporate Accountability Act［EB/OL］.［2022–06–02］. https://www.pillsburylaw.com/en/news-and-insights/ca-ccaa. html.

［25］SILKE I. JANUSZEWSKI，JENS KÖKE，JOACHIM K. Winter. Product market competition，corporate governance and firm performance：an empirical analysis for Germany［J］. Research in Economics，2002，56（3）：299-332.

［26］SULAIMAN A AL-TUWAIJRI，THEODORE E CHRISTENSEN，K.E HUGHES. The relations among environmental disclosure，environmental performance，and economic performance：a simultaneous equations approach［J］. Accounting，Organizations and Society，2004，29（5）：447-471.

［27］VAN DEN HOVE S，LE MENESTREL M，DE BETTIGNIES H-C. The oil industry and climate change：strategies and ethical dilemmas［J］. Climate Policy，2002，2（1）：3-18.

［28］缪东玲，闫碘碘.美国气候变化立法中的贸易措施及工具［J］.亚太经济，2011（1）：80-85.